ENQUÊTES

ET

OBSERVATIONS SUR CES ENQUÊTES.

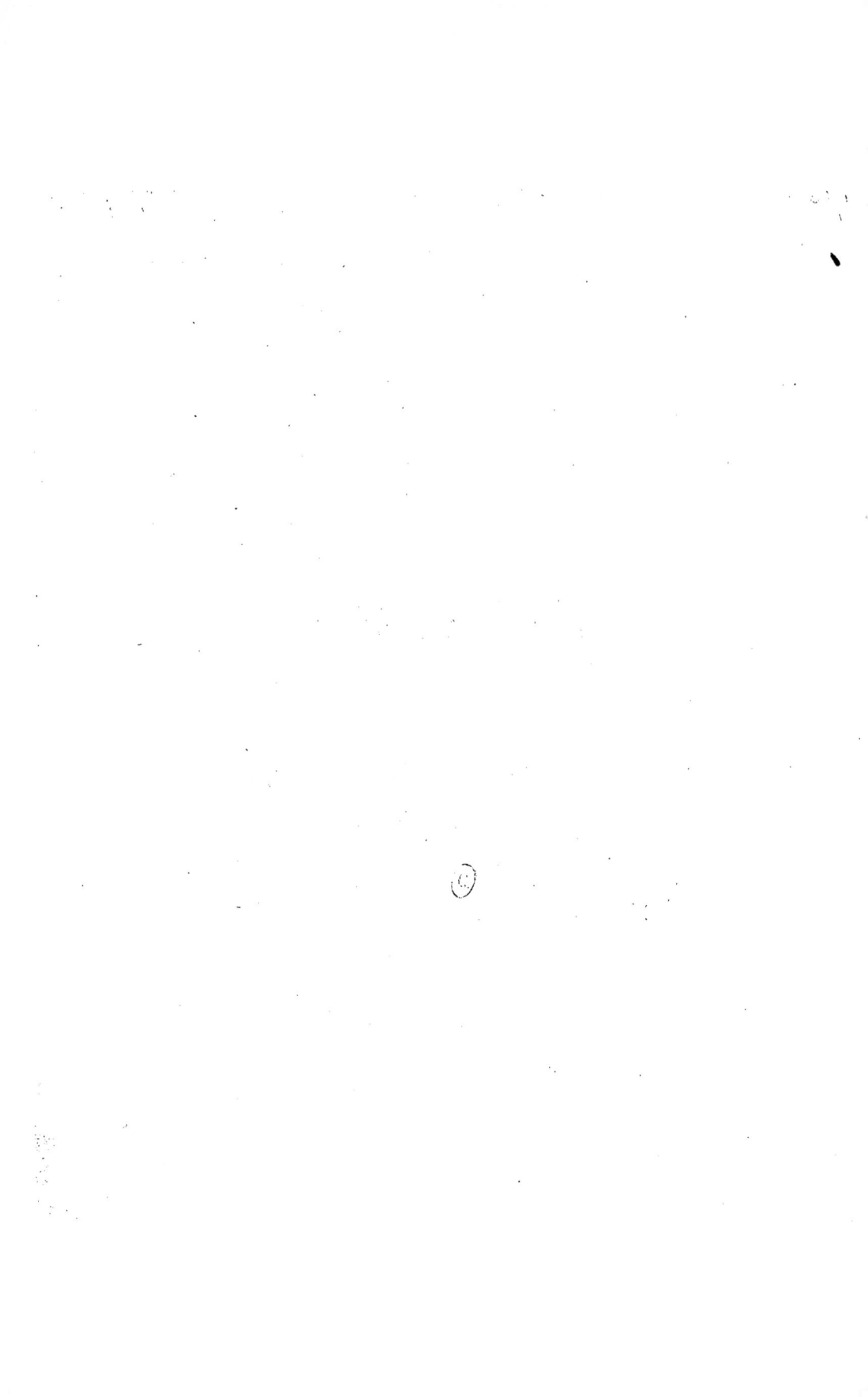

Canal latéral à la Garonne.

ENQUÊTES

ET

OBSERVATIONS SUR CES ENQUÊTES,

PAR ALEXANDRE DOIN.

PARIS.

ÉVERAT, IMPRIMEUR, RUE DU CADRAN, N° 16.

1832.

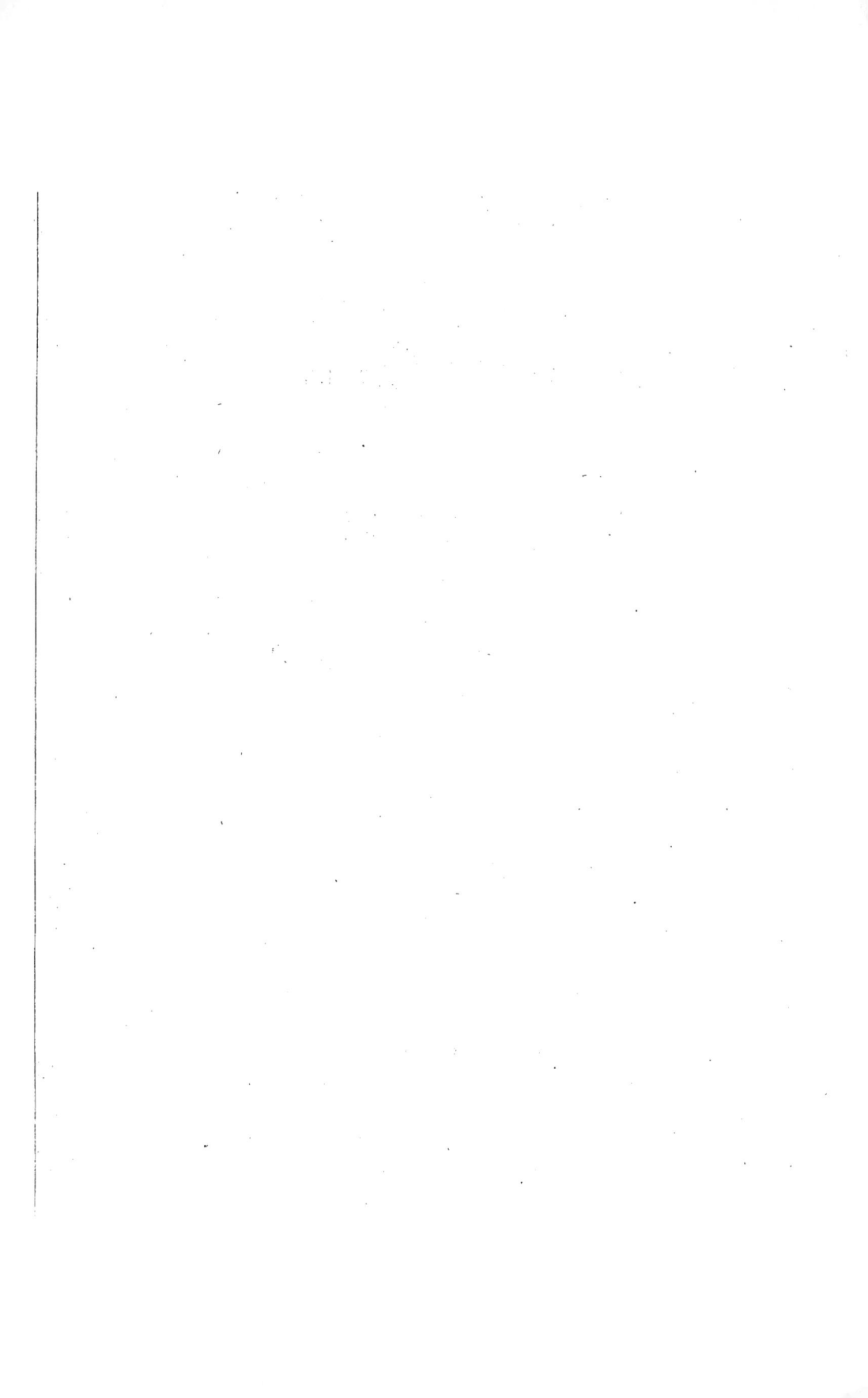

CANAL LATÉRAL A LA GARONNE.

ENQUÊTES

ET

OBSERVATIONS SUR CES ENQUÊTES.

L'ordonnance qui a autorisé les études du canal latéral à la Garonne est de 1828, et ces études étaient achevées lorsque parut, le 28 février 1831, l'ordonnance sur les enquêtes.

Cependant, et dès le mois de septembre 1830, l'administration avait ordonné des enquêtes sur ce canal, qui s'est ainsi trouvé le premier et le seul jusqu'à ce jour (au moins à notre connaissance) soumis à cette formalité, qui a duré depuis le mois d'octobre 1830 jusqu'à la fin de juin 1831.

Nous savions bien que, sur des questions telles que celles qui devaient s'agiter, l'éducation des populations était à faire; nous savions aussi que l'intérêt local et particulier serait en opposition à l'intérêt général; que l'intérêt local et particulier ne manquerait pas de défenseurs, et que l'intérêt général serait sans soutien sur les lieux; et cependant, nous n'avons fait directement ni indirectement aucune démarche envers qui que ce soit; voulant ainsi laisser pleine liberté aux citoyens appelés à donner leur avis, persuadés que nous étions, que l'autorité supérieure chargée de prononcer en définitive, saurait découvrir où se trouvait le véritable intérêt du pays et de la France commerciale.

Nous pensions avec raison qu'un canal attendu depuis plus d'un siècle, qui doit ouvrir définitivement la communication la plus courte et la plus facile entre l'Océan et la Méditerranée, qui rendra tant de services au commerce, à l'agriculture et à l'industrie, et qui servira si efficacement la France en temps de guerre, devait triompher des petites passions (1).

Cependant quelques personnes, mues par des motifs que nous ne voulons pas approfondir, ont usé de toute leur influence et de tous leurs moyens pour trouver des opposans et faire croire que l'ouverture du canal serait contraire à la prospérité de la *province*.

Nous hésitons à rapporter les griefs que l'on mettait en avant.

C'est que : le canal sera comme une grande digue qui arrêtera toutes les eaux, et le pays sera inondé.

Le canal prendra les eaux de toutes les rivières et de tous les ruisseaux, et le pays sera à sec.

Le canal tarira les fontaines et la Garonne, et alors on manquera d'eau pour rouir les chanvres et abreuver les bestiaux.

Le canal ôtera le travail à la population, et plus de soixante mille familles de marins seront dans la misère.

Il devrait être inutile de réfuter de pareilles absurdités; cependant nous dirons que sur aucun point le canal n'empêchera et ne peut empêcher l'écoulement des eaux; que dans tout son développement, il ne reçoit ni ne prend les eaux d'aucun affluent, rivière ou ruisseau; qu'il ne peut détruire les fontaines, et que la prise d'eau dans la Garonne n'abaissera pas d'un pouce le niveau de cette rivière.

Que, loin d'ôter le travail à la population, le canal lui en donnera considérablement.

---

(1) Quant à l'intérêt particulier, loin de souffrir de l'ouverture du canal, il ne peut qu'en profiter, et croire le contraire ne serait que le fait de l'erreur.

Quant aux soixante mille familles de marins, c'est sans doute une figure, une image, qui n'est comprise que par ceux qui ont inventé les calamités que le canal apporterait à leur *province*.

Enfin, on a prétendu que, la Garonne n'ayant plus d'eau, le Lot deviendrait un cul-de-sac.

Nous venons de dire que la Garonne n'éprouverait pas de privation, et nous allons prouver que le Lot recevra par le canal une grande facilité dans sa navigation.

Le Lot se jette dans la Garonne à 6000 mètres environ de la jonction du canal avec la Bayse; il sera donc facile aux bateaux du Lot de venir gagner le canal, et si quelques travaux sont nécessaires pour assurer en tous temps la navigation dans cette partie de la Bayse, la dépense ne pourrait être que très-minime.

Ainsi rien n'empêchera aux bateaux du Lot de suivre la rivière lorsque les eaux seront bonnes, et dans le cas contraire, la voie du canal leur sera toujours ouverte; ils auront en outre l'avantage de pouvoir remonter avec plus de facilité et avec moins de frais.

Il faut d'ailleurs remarquer que sur cette partie, comme sur les autres, le canal évite les sinuosités, et qu'il est ainsi plus court que la rivière.

Soit donc qu'il s'agisse de remonter sur Toulouse ou de descendre sur Bordeaux, la navigation du Lot sera assurée, tandis qu'aujourd'hui elle ne l'est pas.

Cependant la direction que quelques personnes voulaient donner aux esprits n'a pas eu tout le succès que l'on avait espéré, et l'on en jugera par les avis des commissions d'enquête que nous allons rappeler.

DÉPARTEMENT DE LA GIRONDE.

La commission d'enquête du département de la Gironde a été unanime sur l'utilité et les avantages généraux et particuliers que le canal procurerait au commerce.

La Chambre de commerce de Bordeaux a également voté à l'unanimité en faveur du canal.

M. le préfet de la Gironde a partagé l'avis de la commission d'enquête et de la Chambre du commerce.

DÉPARTEMENT DE LOT-ET-GARONNE.

Les membres de la commission d'enquête de Lot-et-Garonne, qui d'ailleurs ne s'appuient sur aucun fait et ne déduisent aucun motif, ont été partagés, moitié pour et moitié contre.

« Mais il faut remarquer que les membres qui ont voté contre sont pro-
» priétaires ou habitans de la rive droite de la Garonne, et que le canal
» passe sur la rive gauche, à Agen; qu'il était impossible, vu les difficultés
» du terrain, que le canal pût continuer à suivre la rive droite, et qu'il
» ne pouvait passer simultanément sur les deux côtés du fleuve. »

Mais le conseil municipal de la ville d'Agen a voté en faveur du canal.

La Chambre du commerce de la même ville a aussi voté en faveur du canal.

Et M. le préfet de Lot-et-Garonne a également donné son avis favorable.

DÉPARTEMENT DE TARN-ET-GARONNE.

La commission d'enquête de Tarn-et-Garonne et le conseil municipal de Montauban ont aussi voté en faveur du canal.

Et M. le préfet de Tarn-et-Garonne a donné un avis semblable.

DÉPARTEMENT DE LA HAUTE-GARONNE.

La ville de Toulouse, qui a cru voir, dans l'ouverture du nouveau canal, une atteinte aux intérêts de quelques commissionnaires qui profitent de la nécessité où l'on est de rompre charge à la sortie du canal du Midi, la ville de Toulouse, disons-nous, a cherché à combattre l'utilité du canal (1).

Cependant la Commission d'enquête, malgré une certaine tendance à l'opposition, n'a pu continuellement se refuser à l'évidence; elle a été forcée de reconnaître :

« 1° qu'il était très-vrai que le trajet par l'intérieur de la France serait » plus court que par le détroit de Gibraltar;

» 2° que le canal latéral à la Garonne serait, comme celui du Languedoc, » utile pendant la paix et inappréciable pendant la guerre;

» 3° que la Commission regretterait l'abandon d'un projet qu'elle voudrait » au contraire voir exécuter par des travaux dont la majesté honorerait la » France;

» 4° que les nombreuses usines qui seront facilement établies sur les biefs » supérieurs des écluses, et alimentées par les eaux destinées à réparer les » pertes de l'évaporation et infiltration des parties inférieures, feront naître » parmi les habitans de la contrée des idées d'industrie, et leur procureront » des avantages réels;

» 5° que sous ces deux rapports la Commission déclare que l'établissement du canal latéral doit obtenir un favorable accueil, puisqu'il peut » accélérer la marche ascendante de l'industrie manufacturière. »

Ces citations textuelles prouvent évidemment que l'opinion de la Commission eût été, comme elle devait l'être, entièrement favorable au canal, si elle n'eût pas été incessamment ramenée vers quelques intérêts particuliers. Et nous ne pouvons nous dispenser de faire à ce sujet une remarque curieuse, c'est que la Chambre du commerce de Toulouse disait en parlant du canal des Pyrénées : « Nous estimons que ce magnifique canal, dont on » ne saurait trop hâter l'établissement, qui réalisera le vœu de Louis XIV, » *tendant à éviter à la France et aux nations étrangères le détroit de Gibral-* » *tar*, etc. » Et qu'elle pétitionnait en faveur de ce canal, précisément au

(1) Tout ce qui est relatif aux enquêtes de la Haute-Garonne étant résumé dans le rapport de la Commission d'enquête, nous nous bornerons, pour éviter des répétitions inutiles, à rapporter cette pièce, qui est déjà assez longue, comme on le verra.

moment où elle émettait un vœu opposé sur le canal de la Garonne, et cherchait à prouver que le commerce avait plus d'avantage à passer *par le détroit de Gibraltar*.

Or, et ainsi que nous l'avons dit dans notre Mémoire, le canal des Pyrénées se rend à Bayonne, le canal de la Garonne se rend à Bordeaux.

Le canal des Pyrénées a un développement de 340,000 m. ci	340,000 mèt.
Le canal de la Garonne, de	190,000
La pente du canal des Pyrénées est de	966
La pente du canal de la Garonne, de	125

Sans doute le canal des Pyrénées sera inappréciable pour la contrée qu'il doit traverser; mais quant à la jonction des deux mers, nous pouvons proclamer la supériorité du canal de la Garonne, et nous pensons que la Chambre du commerce de Toulouse partage entièrement notre avis.

Au surplus, nous avons la certitude que si, aujourd'hui que les villes de l'intérieur vont être dotées du bienfait des entrepôts, la même commission donnait son avis pour la première fois, il serait tout favorable, parce que, sans un débouché au canal du Languedoc par un canal latéral, le commerce de Toulouse ne recevrait aucun accroissement, tandis qu'une bonne ligne de navigation lui assure un entrepôt considérable.

En résumé, et à part les objections de l'intérêt privé et mal entendu, le canal de la Garonne est sorti triomphant de l'épreuve des enquêtes, et nous pourrions dire que son utilité a été unanimement reconnue, puisqu'il résulte de tous les avis *que la navigation de la Garonne est insuffisante, et qu'un canal latéral serait indispensable jusqu'à Agen ou même jusqu'au confluent du Lot.*

Mais comme la canalisation de la Garonne, au-dessus du Tarn, est impossible; qu'au dessous du Tarn, jusqu'à l'embouchure du canal latéral à Castets, on n'obtiendrait pas un mouillage suffisant, il résulte de là la preuve évidente que le canal latéral, tel qu'il est conçu, est indispensable.

Nous n'avons pas besoin de faire remarquer que tout canal qui n'arriverait pas jusqu'à Castets, ne changerait rien au mouvement commercial actuel, puisque, quel que soit le lieu où s'arrêtât un canal au-dessus de Castets, il faudrait rompre charge, inconvénient immense qu'il faut précisément éviter.

Un tel canal, au surplus, serait sans utilité pour le commerce, et ne trouverait assurément personne qui voulût s'en charger; d'ailleurs, on ne comprendrait pas comment on voudrait s'occuper d'un canal qui ne complèterait pas la jonction des deux mers, seul but cependant qu'il s'agit d'atteindre.

Pour mettre à même de juger du mérite des enquêtes, nous allons les rapporter en les accompagnant de nos observations.

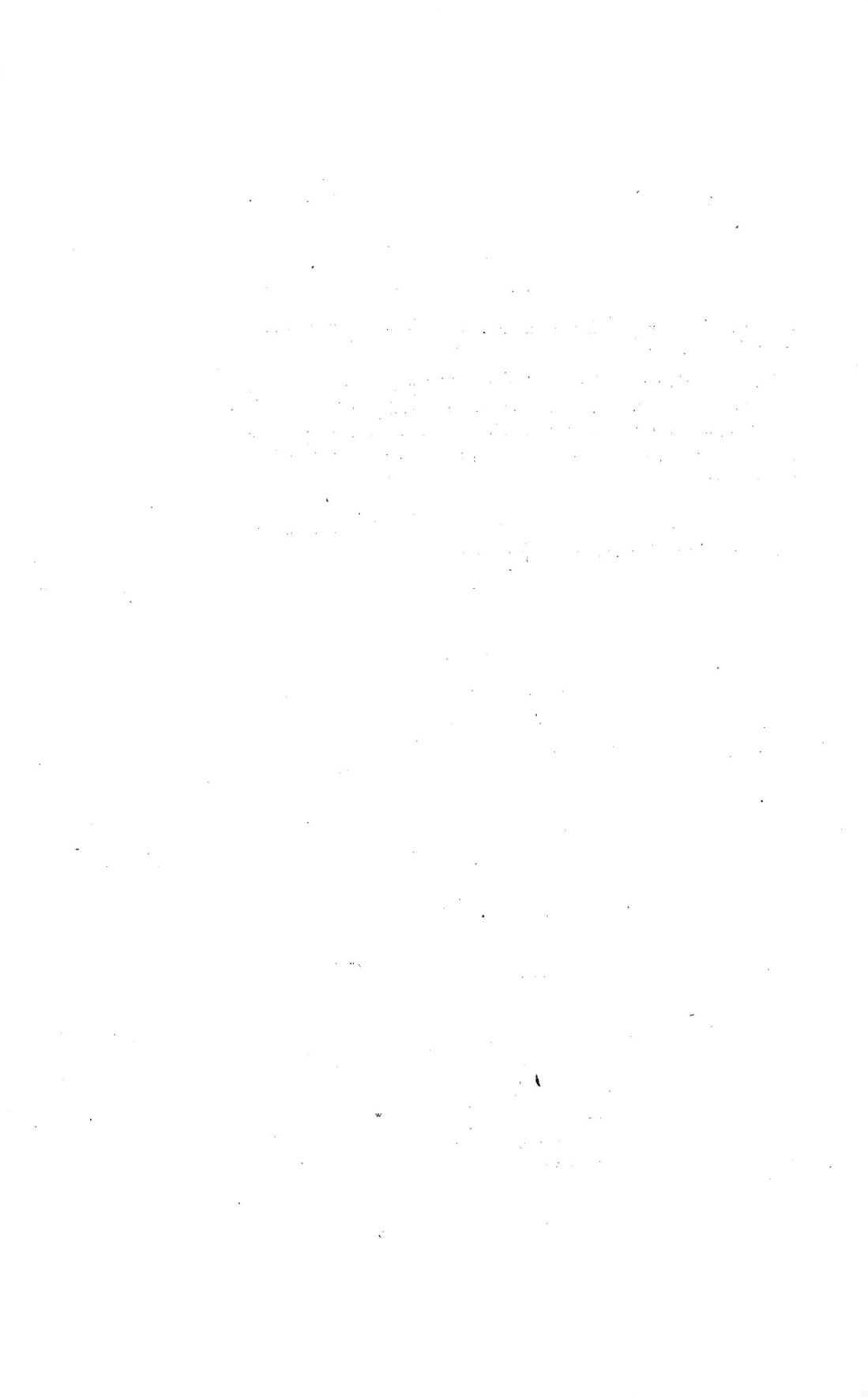

OBSERVATIONS.

RAPPORTS

DES

COMMISSIONS D'ENQUÊTES.

DÉPARTEMENT DE LA GIRONDE.

Commission d'enquête pour le Canal latéral à la Garonne.

Bordeaux, 21 décembre 1830.

La Commission d'enquête pour le canal latéral à la Garonne, considérant que le projet d'un canal, quelles que soient les circonstances de localités qu'il traverse, présente au commerce et à l'agriculture de nouvelles facilités et de plus grands avantages, soit en augmentant les moyens de transport, soit en fournissant des arrosemens et des engrais;

Considérant que la navigation de la Garonne, depuis Toulouse jusqu'à l'embouchure du Tarn, n'est susceptible d'aucune amélioration comparable à celle qui résulterait de la navigation opérée par un canal, soit qu'il s'agisse de transport, soit qu'il s'agisse d'arrosement et d'engrais;

Considérant que la partie de la Garonne comprise

depuis l'embouchure du Tarn jusqu'à Agen, bien que susceptible d'une amélioration assez importante, ne pourra jamais être rendue navigable au point de présenter les mêmes avantages qu'un canal, ni même que la Garonne améliorée dans sa partie inférieure entre Agen et Bordeaux ;

Considérant que depuis Agen jusqu'à Castets, et même jusqu'à Langon, quoique la navigation fluviale ait jusqu'à présent suffi aux besoins du commerce, et soit susceptible d'une amélioration qui la rende praticable en toute saison, cette navigation présente des lenteurs, des inconvéniens et des dangers qui n'existeraient point sur un canal ;

Considérant que le canal projeté est susceptible d'offrir, par des communications sûres en temps de guerre, une ressource supplétive de celle qu'offre en temps de paix la navigation entre nos côtes de l'Océan et celles de la Méditerranée, et pourrait ainsi, sans parler des autres canaux qui complèteraient les communications du midi avec l'ouest de la France, mettre Toulon en rapport avec les arsenaux maritimes de l'Océan ;

Considérant que la Commission nommée à Bordeaux n'a point mission de s'enquérir des dépenses qu'entraînerait la construction du canal projeté, non plus que des travaux d'arts ni du projet du tarif qui s'y rattachent, lesquels objets sont du ressort de la Compagnie qui entreprendra le canal, et des ingénieurs, seuls appréciateurs des difficultés et des ressources techniques ;

Considérant enfin que, si le projet du canal latéral à la Garonne est adopté par le gouvernement, il ne pourra recevoir d'exécution sans que les conditions de la soumission garantissent aux propriétaires riverains de la Garonne et du canal qu'il ne sera ajouté aucune servitude sans qu'elle soit compensée par des avan-

OBSERVATIONS. RAPPORTS.

tages particuliers équivalens, indépendamment de l'avantage général qu'aurait le canal par lui-même ;

Est d'avis :

« 1° Que l'exécution d'un canal latéral à la Garonne, » depuis Toulouse jusqu'à Castets, serait d'un avan- » tage incontestable pour le commerce, notamment » pour celui de Bordeaux, et qu'il ajouterait un moyen » avantageux de communication à celui fourni par la » rivière.

» 2° Que si ce projet a un avantage général incon- » testable, il en présente un plus spécial dans sa partie » située entre Toulouse et l'embouchure du Tarn, » non seulement pour les départemens de la Haute- » Garonne et du Tarn qu'il traverserait, mais encore » pour tout le midi de la France, lequel avantage spé- » cial résulte d'abord de l'impossibilité, reconnue de- » puis long-temps par les gens de l'art, de rendre la » Garonne navigable en toute saison entre Toulouse » et l'embouchure du Tarn, et ensuite de l'arrosement » et de la fertilisation du pays que le canal traverserait.

» 3° Que si, depuis l'embouchure du Tarn jusqu'à » Agen, l'avantage du canal n'existe pas d'une manière » aussi absolue que dans la partie au-dessus, cepen- » dant son utilité relative recommande encore le pro- » jet à l'approbation générale.

» 4° Que si, d'Agen jusqu'à Castets, le canal paraît » moins nécessaire, par suite de la possibilité d'amé- » liorer la navigation de la Garonne au point de la » rendre navigable en toute saison aux barques du » canal de Languedoc*, il présente encore l'avantage » d'offrir une navigation plus facile, plus prompte et » plus sûre, et de rendre à l'agriculture une partie des » chevaux employés au halage sur la Garonne.

» 5° Enfin que si la prise d'eau nécessaire pour l'a-

* C'est une erreur; jamais la Garonne au-dessus de Castets ne pourra recevoir les barques du canal du Midi. Tous les avis des hommes de l'art sont unanimes sur ce point.

OBSERVATIONS. RAPPORTS.

» limentation du canal présente un inconvénient, les
» renseignemens fournis par M. de Baudre autorisent
» la Commission à dire que cette prise d'eau n'est pas
» assez forte pour nuire à la navigation de la Garonne,
» mais qu'en même temps la Commission reconnaît
» qu'il n'est pas en son pouvoir d'apprécier autrement
» la gravité de cet inconvénient, que les hommes de
» l'art sont seuls appelés à reconnaître et déterminer. »

La mission de la Commission se trouvant remplie par la délibération qui précède, le président lève la séance.

Bordeaux, 24 février 1831.

Les membres composant la Chambre de commerce de Bordeaux,

A MONSIEUR LE PRÉFET DU DÉPARTEMENT DE LA GIRONDE.

Monsieur le Préfet,

Par la lettre que vous nous avez fait l'honneur de nous adresser le 12 de ce mois, vous avez eu la bonté de nous donner en communication le travail de la Commission d'enquête qui a été appelée à examiner le projet d'ouverture d'un canal latéral à la Garonne, et de joindre à cette pièce la carte de la vallée de la Garonne, sur laquelle la direction du canal est indiquée. Conformément aux dispositions prescrites par M. le directeur général des ponts et chaussées, vous invitez la Chambre de commerce à donner son avis sur cette affaire.

La Chambre de commerce a vu avec attention et avec intérêt la ligne tracée sur la carte pour reconnaître le cours du canal projeté sur les deux rives, elle partage les vues de la Commission d'enquête contre l'exagération des inconvéniens signalés ; elle ne doute point qu'au moyen d'une bonne administration on ne parvienne à les faire disparaître, et que, d'une autre part, si des villes et des propriétaires se croyaient d'abord froissés, ce qui arrive toujours lorsqu'il s'agit de quelque entreprise d'utilité générale, leur résistance primitive ne soit bientôt transformée en une adhésion et en un concours dont l'avantage immédiat doit faire verser dans le pays même des sommes immenses pour l'exécution des travaux, et qui doivent donner l'aliment et la vie à une nombreuse population, et enrichir la contrée que le canal doit parcourir.

La Chambre de commerce, Monsieur le Préfet, a examiné avec une sérieuse attention les observations et les réclamations soumises à la Commission d'enquête, résumées en cinq points, et la discussion à laquelle cette Commission s'est livrée pour les résoudre.

« Nous pensons que la Commission d'enquête a développé les moyens suffisans pour combattre les observations et les réclamations qui se sont élevées contre le projet; la Chambre ne peut rien y ajouter : elle ne peut que donner son adhésion aux motifs de la Commission.

» D'où il suit, Monsieur le Préfet, que la Chambre de commerce de Bordeaux a été unanime pour confirmer l'avis de la Commission d'enquête en faveur du projet.

» Les avantages qui doivent en résulter pour le commerce en général, et pour celui de Bordeaux en particulier, sont incontestables, et se présentent naturellement à tous les bons esprits.

» Ce sera le complément de l'œuvre du grand Colbert, qui, en approuvant l'exécution du canal de

OBSERVATIONS. RAPPORTS.

» Languedoc, a réuni les deux mers, et procuré à l'in-
» dustrie et au commerce une source de prospérités
» jusqu'alors inconnues.

» L'exécution des travaux sera aussi d'un avantage
» incalculable pour le pays de cette riche et immense
» vallée ; elle occupera une partie de la population du
» grand nombre des cités qu'elle renferme, et à laquelle
» les sollicitudes du gouvernement doivent tendre à
» procurer du travail.

» Tels sont les motifs, Monsieur le Préfet, qui por-
» tent la Chambre du commerce à former le vœu le plus
» ardent pour l'adoption du projet du canal latéral à
» la Garonne, et pour sa prompte exécution. »

Nous avons l'honneur de vous renvoyer le travail de la Commission d'enquête et la carte sur laquelle est tracée la direction du canal.

Nous avons l'honneur, etc.

DÉPARTEMENT DE LOT-ET-GARONNE.

Délibération du Conseil municipal de la ville d'Agen, département de Lot-et-Garonne.

Du 1er décembre 1830.

Le Conseil municipal de la ville d'Agen, extraordinairement réuni dans le lieu ordinaire de ses séances, sur la convocation faite par M. le maire en vertu de l'autorisation de M. le préfet;

M. le maire a exposé qu'il avait reçu une lettre de M. le préfet, dans laquelle ce magistrat l'invite à appeler l'attention du Conseil municipal sur le projet du canal de la Garonne, relativement aux avantages ou aux inconvéniens qui peuvent en résulter pour la commune d'Agen.

Lecture a été faite au Conseil de la lettre de M. le préfet, et il a été mis sous ses yeux une notice de M. l'ingénieur en chef de Baudre et un plan figuratif de la ligne que devra suivre le canal dans la partie qui avoisine la ville d'Agen. M. le maire ayant engagé MM. les membres du Conseil à s'expliquer sur ces documens, quelques-uns d'entre eux ont pris la parole, et ont présenté diverses observations; on a paru craindre principalement que la confection du canal autour de la ville ne fût une cause d'insalubrité, et l'on a exprimé le désir que MM. les gens de l'art fussent invités à prendre toutes les mesures nécessaires pour empêcher, au moment de l'exécution, l'infiltration des eaux, les rendre moins stagnantes, et obvier enfin à l'inconvénient signalé par quelques membres.

On a reconnu en général que la position de la ville d'Agen à l'égard du canal pourrait lui procurer des établissemens d'entrepôts considérables, et serait très-favorable au développement de l'industrie et du commerce, de sorte qu'en résumé l'opinion des membres du Conseil, à une très-grande majorité, a été que ce projet du canal présentait des avantages dans l'intérêt de la commune.

Fait au Conseil municipal à Agen, les jour, mois et an susdits.

PRÉFECTURE DE LOT-ET-GARONNE.

Commission d'enquête sur le projet d'établissement d'un canal latéral à la Garonne.

Séance du 16 décembre 1830.

Aujourd'hui 16 décembre 1830, la Commission d'enquête créée par arrêté de M. le préfet du département de Lot-et-Garonne, sous la date du 19 octobre dernier, pour donner son avis sur les avantages ou les inconvéniens du projet d'un canal latéral à la Garonne, s'est réunie dans l'une des salles de la préfecture sous la présidence de M. de Saint-Amans.

Étaient présens à la séance MM. de Saint-Amans, de Vivens, Silvestre, Silvestre-Ferrou, de Furcy-Legris, marquis de Lusignan, Émile Dumon et Barsalou aîné.

OBSERVATIONS. RAPPORTS.

Après avoir pris connaissance des diverses réclamations présentées, soit par les Conseils municipaux, soit par divers propriétaires intéressés, la Commission a réduit lesdites reclamations aux questions suivantes :

1° L'établissement d'un canal latéral à la Garonne est-il d'une utilité incontestable pour la masse des intérêts locaux et pour l'intérêt général du commerce ?

2° L'endiguement de la Garonne n'offrirait-il pas les mêmes avantages sans présenter les mêmes inconvéniens ?

Après une discussion approfondie sur ces deux questions, les voix des membres présens de la Commission se sont ainsi divisées :

Ont été en faveur de la première question MM. le marquis de Lusignan, de Furcy-Legris, Emile Dumon et Barsalou aîné ;

Et en faveur de la deuxième, MM. Silvestre, de Vivens, Silvestre-Ferrou et de Saint-Amans *.

La Commission arrête que MM. les membres qui n'étaient pas présens à la séance seront invités à faire connaître par écrit celle des deux questions en faveur de laquelle ils se prononcent.

La Commission arrête en outre que la présente délibération sera transmise à M. le directeur général des ponts et chaussées par l'intermédiaire de M. le préfet de Lot-et-Garonne, ainsi que les réclamations et autres pièces qui ont été remises sous ses yeux.

Fait en séance à Agen, les jour, mois et an que dessus.

* A Agen le canal passe sur la rive gauche de la Garonne, et les dissidens ont parlé pour la rive droite. Mais, d'une part, le canal étant sur la rive gauche ne peut en aucune façon nuire à la rive droite, à qui la rivière reste entière comme par le passé ; d'une autre part, le canal ne pouvait simultanément suivre les deux rives, et la rive droite présentant des difficultés insurmontables, on a été forcé de se jeter sur la rive gauche.

Délibération de la Chambre consultative des manufactures, arts et métiers de la ville d'Agen, département de Lot-et-Garonne.

Du 29 décembre 1830.

Appelés à donner leur avis sur le projet d'exécution d'un canal latéral à la Garonne, qui réunirait celui du Midi à l'Océan, MM. les membres de la Chambre consultative des manufactures, arts et métiers de la ville d'Agen se sont réunis le vingt-neuf décembre à l'hôtel de la mairie.

« Après avoir pris connaissance du projet et du » tracé du plan qui leur a été présenté, en avoir étu- » dié les avantages et recherché les inconvéniens, ils » ont unanimement approuvé l'exécution d'un travail » auquel semblent seulement s'opposer les intérêts » particuliers de quelques villes ou bourgs situés hors » de la ligne du canal projeté *.

» En effet, la navigation de la Garonne étant quel- » quefois très-difficile, à cause du manque d'eau, quel- » quefois aussi très-dangereuse par les crues subites du » fleuve, il est évident qu'un canal de Toulouse à Bor- » deaux, qui offrirait constamment le même tirant » d'eau, assurerait au commerce, à toutes les époques » de l'année, une navigation sûre et prompte.

» Le canal exécuté, et réuni à celui du Midi, une » libre communication existe entre Agde et Bordeaux; » plus d'obstacle, plus de retard dans les convois, trop » souvent ralentis par les transbordemens des barques » du canal dans celles de la Garonne; dès lors les ex- » péditions se feront à jours fixes.

» Par suite de cette sécurité et de la régularité des » arrivages, nul doute que la majeure partie des trans-

* La chambre consultative des manufactures, arts et métiers d'Agen, a parfaitement saisi les motifs des dissidens de la Commission d'enquête : c'est l'intérêt particulier de quelques villes ou bourgs situés hors de la ligne du canal, et nous ne pouvons que répéter ce que nous avons dit plus haut, c'est que le canal ne nuit nullement à la rive droite, et qu'il ne pouvait passer en même temps sur les deux rives.

» ports qui se font de l'Océan à la Méditerranée, et ré-
» ciproquement, en passant par le détroit de Gibraltar,
» trajet fort long et qui présente des chances d'avaries
» et de naufrage, n'eût lieu par la voie d'un canal
» qui serait pour les expéditions une assurance contre
» les dangers de la mer.

» A l'utilité générale peut se joindre encore celle
» de la localité. Quelle source de prospérités serait
» en effet ce canal pour les lieux où seraient établis
» des entrepôts qui faciliteraient les échanges commer-
» ciaux de l'intérieur de la France avec les pays étran-
» gers. Jalouses de ces avantages, quelques villes ri-
» veraines de la Garonne, et qui se trouveraient éloi-
» gnées du canal, cherchent des motifs pour en em-
» pêcher l'exécution; c'est la salubrité qu'on présen-
» tera comme menacée; l'agriculture, dit-on, perdra
» une grande étendue de terrain, etc., etc. Le canal
» projeté serait-il donc plus malsain que les canaux
» déjà existans? le produit de quelques hectares de
» terre ne sera-t-il pas plus que compensé par le pro-
» duit de l'activité commerciale à laquelle donnera
» lieu ce canal, qui certainement serait aussi la cause
» d'un surcroît de valeur pour les propriétés rurales
» qui l'avoisineraient. Mais, ajoute-t-on, la Garonne
» ne sera plus navigable; or il résulte des renseigne-
» mens qui ont été fournis que la prise d'eau sur le
» fleuve à Toulouse sera si petite, qu'elle ne pourra
» jamais nuire à la navigation. »

Au surplus, en applaudissant au projet qui leur a été soumis, les soussignés espèrent que le Gouvernement entretiendra entre le canal et la voie fluviale une concurrence qui tournera tout entière au profit du commerce, et qu'il continuera d'encourager sur la Garonne les travaux qui doivent en rendre la navigation plus facile.

OBSERVATIONS. RAPPORTS.

L'aisance produite dans ce pays par l'émission du numéraire à laquelle donneraient lieu d'immenses travaux motive encore l'approbation du canal de Toulouse à Bordeaux.

Fait et délibéré en la Chambre consultative des manufactures, arts et métiers de la ville d'Agen, le 29 décembre 1830.

DÉPARTEMENT DE TARN-ET-GARONNE.

Rapport de la Commission communale sur le projet du Canal latéral à la Garonne, avec embranchement sur Montauban.

Montauban, 9 novembre 1830.

Le canal du Languedoc, qui a produit de si grands résultats pour le pays qu'il parcourt, qui a créé tant d'industrie et de richesse pour Toulouse, n'a pourtant pas rempli le but qu'en attendait son illustre auteur. L'inconstance de la Garonne, le peu d'encaissement de son lit, ont fait qu'elle n'a pas pu servir de prolongement au canal, et opérer, pour le commerce, la jonction de la Méditerranée à l'Océan.

En vain, en divers temps, s'est-on exercé à rendre la Garonne navigable en toutes saisons; les projets conçus à cette fin ont été insuffisans, et il paraît qu'aujourd'hui les hommes de l'art s'accordent à regarder d'avance comme infructueuses les nouvelles tentatives qu'on ferait pour y parvenir. « C'est une idée bien » digne de notre époque, caractérisée par un mouve» ment général des esprits vers les améliorations de » tous les genres, que celle d'achever l'œuvre de Ri» quet, de continuer le canal du Languedoc jusqu'à » l'Océan, de faire jouir le commerce en général des » avantages nombreux qui doivent résulter de la di» minution des prix de transports; de lui épargner les » frais d'assurances, les avaries, etc., etc. Nous pen-

» sons donc, Messieurs, que ce projet devra être reçu » avec faveur par tous les bons esprits, et nous ne » doutons pas que la Commission d'enquête ne l'envi- » sage de la même manière. »

Devant un projet d'une utilité si générale, toutes les petites prétentions de localités doivent disparaître. Cependant, bien que nous n'ayons pas à nous occuper de l'importance des travaux et des dépenses très-considérables qu'ils doivent occasioner, puisque cela regarde entièrement la compagnie qui offre de les faire, nous ne pouvons nous empêcher de voir dans la construction de ponts-canaux qui doivent traverser le Tarn, la Garonne et plusieurs autres petites rivières (dans l'établissement du canal par empiétement sur le lit de la Garonne, dans un espace de près de 6,000 mètres, dans la durée d'exécution de pareils travaux), des difficultés qui, par des motifs imprévus, pourraient laisser long-temps l'ouvrage inachevé, peut-être même le faire abandonner. Nous ne pouvons nous empêcher de voir que les difficultés qu'offre le terrain commencent à la plaine basse au-dessous de Castel-Sarrasin, plaine très-submersible, où le canal, dans un trajet de 2,000 mètres, doit être soutenu par une levée, coupée elle-même par une multitude de ponts qui doivent faciliter l'écoulement de ses eaux. La route de Castel-Sarrasin à Moissac offre dans cette partie jusqu'à seize de ces ponts, qui n'empêchent pas la route d'être rompue par les inondations.

Dans le cas où les difficultés dont nous parlons ne permettraient pas d'achever de si grands travaux, pourquoi la Commission d'enquête ne ferait-elle pas revivre l'ancien projet, conçu dans les intérêts généraux du commerce, et ne demanderait-elle pas encore le prolongement du canal du Midi jusqu'à Montauban seulement?

OBSERVATIONS. RAPPORTS.

Vous savez tous que la rivière du Tarn, insuffisante sans doute aujourd'hui pour les barques d'un canal de grande navigation, est pourtant susceptible d'une véritable canalisation jusqu'au point où elle se jette dans la Garonne; que toujours et en toutes saisons elle a suffi aux expéditions du commerce de notre pays.

Vous entretenir aujourd'hui des avantages que ce prolongement offrirait à notre département et aux départemens limitrophes, serait une chose superflue : il en a été assez question en d'autres occasions; mais enfin si, par des motifs qu'on ne peut pas prévoir, le grand projet ne pouvait pas recevoir une entière exécution, il ne serait pas inutile sans doute de demander encore le prolongement du canal de Toulouse à Montauban. En d'autres circonstances, le projet de ce prolongement a été éloigné comme contrariant les intérêts de Toulouse; mais aujourd'hui que d'autres hommes et d'autres principes doivent dominer, ne pourrions-nous pas réclamer les avantages que notre position doit nous donner, et qu'une ville voisine n'a pas le droit de ravir au commerce*?

Ces observations ne sont peut-être pas hors de propos aujourd'hui; celles qui sont relatives à l'embranchement du canal latéral à la Garonne sur Montauban, vont trouver ici leur place.

Nous nous sommes transportés sur le terrain; mais, manquant de documens sur les détails du projet, et tout se bornant pour nous à la connaissance de la ligne que doit suivre cet embranchement, nous ne pouvons vous offrir des renseignemens étendus. Cependant l'emplacement de certaines constructions pourra peut-être blesser les intérêts des propriétaires sur les terres desquels on les placera, et fournir ample matière à discussion. Prévenir aujourd'hui ces difficultés, n'est pas

* La Commission communale parle ici dans le seul intérêt de la ville de Montauban, et fait revivre un ancien projet qui a été abandonné comme ne pouvant présenter aucun intérêt au commerce, d'une part, et d'une autre part comme devant entraîner dans des dépenses que les recettes seraient loin de couvrir.

Un canal sur Montauban n'aurait d'autre but que de déplacer le transbordement qui est maintenant opéré à Toulouse; mais le commerce ne

OBSERVATIONS.

changerait pas ses habitudes, puisque le Tarn au-dessous de Montauban, non plus que la Garonne au-dessous du Tarn, ne peuvent jamais recevoir les barques du canal du Midi, qui exigent un tirant d'eau de deux mètres, et que d'après toutes les recherches des ingénieurs on ne pourrait obtenir, jusqu'à la Magistère, limite de Tarn-et-Garonne, soixante-dix centimètres de mouillage et un mètre sur toute la ligne de Lot-et-Garonne.

Un canal sur Montauban, sur Moissac ou sur Agen ne servirait en rien la communication des deux mers, et ne trouverait pas d'aliment suffisant dans le commerce actuel.

* La Commission communale oublie ici que des ponts seront établis par tout où besoin sera pour les communications, et que la loi veut que les propriétaires soient indemnisés de tout dommage.

RAPPORTS.

une chose possible, et ce n'est que lorsque les riverains pourront avoir signalé les inconvéniens qui peuvent résulter pour eux soit du morcellement de leurs propriétés, soit de la perte des servitudes existantes, soit du défaut de communications perdues ou à rétablir, que nous pourrons vous soumettre les modifications que pourront réclamer dans les projets les besoins locaux, bien appréciés seulement par les intéressés; ce point sera plus tard l'objet d'un supplément d'enquête*.

Nous avons néanmoins parcouru toute la ligne de l'embranchement depuis son embouchure dans le Tarn, près de la Molle, jusqu'au point de départ près de Montech.

L'intérêt de l'agriculture et des riverains, en ce qui regarde la commune de Montauban, ne devait pas nous mener si loin; mais l'importance de cet embranchement pour le commerce de la ville et pour les départemens limitrophes à celui de Tarn-et-Garonne, nous a engagés à une exploration plus étendue; nous avons suivi la ligne du canal latéral au-dessus de Montech jusqu'au lieu de Touret, près du pas de Finhan, en dehors de la forêt de Montech.

Étonnés d'avance, par l'inspection du tracé sur une carte lithographiée, de voir l'embouchure de l'embranchement placé à 2,000 mètres du faubourg Villebourbon et à plus de 4,000 mètres du pont, nous n'avons pu entrevoir le motif qui l'avait fait aboutir à un point si distant de la ville, tandis qu'il nous a paru simple et naturel de diriger ce canal sur la ville même; nous avons de plus remarqué que le canal traverse la route de Toulouse, sur le seul point où elle est submersible, tandis qu'en rapprochant l'embouchure de la ville, et la portant au-dessus du moulin de Sapiacou, elle se trouverait sur un terrain au-dessus du niveau des plus hautes eaux (1). Nous n'avons pu nous rendre raison non plus de l'omission, dans le projet, d'une gare ou bassin propre à faciliter l'embarcation des marchandises et abriter les barques dans les temps d'inondation. On n'a pu, sans erreur, considérer comme gare, et en tenant lieu, la partie de la rivière qui est à l'amont du moulin de Sapiacou.

Une gare nous paraît donc un objet important qui manque dans le projet, et qu'il est essentiel de réclamer.

Le point de départ de l'embranchement, pris à 4,000 mètres au-dessous de Montech, ne nous a pas paru remplir les meilleures conditions; le tracé, à partir de ce point, se dirige par plusieurs coudes vers la Cour Saint-Pierre; il évite la forêt de Montech, et dévie, vers l'ouest, de la ligne droite qui le porterait sur Montauban. De Lacourt, il dévie encore plus de cette direction sur Montauban, mais vers l'est; la seule inspection de la ligne sur la carte, montre assez cette irrégularité singulière, qui fait parcourir à cet embranchement un plus grand espace de terrain, dans le but d'éloigner son embouchure de la ville.

Pourquoi adopter ce point de départ? pourquoi éviter d'entrer dans la forêt? pourquoi ne pas préférer même une direction parallèle à la route de Montech à Montauban? tout cela était plus simple et offrait plus de moyens de raccourcir la ligne.

L'embranchement pris de cette manière nous a paru mal établi, et n'offre pas à Montauban l'avan-

---

(1) La plaine qui entoure le faubourg est à peine baignée par les plus fortes inondations, qui n'y apportent aucun dommage; elle va être mise entièrement à l'abri cette année par l'exécution d'un travail arrêté.

(*Note de la Commission communale.*)

tage qui doit lui en revenir; en remontant le canal principal jusqu'au lieu du pas de Finhan, nous nous sommes convaincus que c'est à ce point qu'il conviendrait le mieux de fixer le point de départ de cet embranchement; alors le canal, traversant la forêt de Montech, offrirait les plus grandes facilités pour faire arriver à Montauban le bois de chauffage. Alors, sans difficultés de terrains, sans aucun embarras, la ligne serait établie directement vers Montauban, et l'espace à parcourir serait le plus court possible.

Les rapports de Montauban à Toulouse étant très-multipliés, et la distance qui sépare ces deux points étant peu considérable, nous avons jugé que le point de départ qui remplirait le mieux toutes les conditions à désirer, serait celui qui allongerait le moins cette communication; à la vérité le choix qu'on ferait du Pas de Finhan, et même celui du Vieux-arpent, rendrait le trajet vers Bordeaux un peu plus long; mais cette différence, fort importante relativement à la distance de Montauban à Toulouse, est bien peu à considérer dans un trajet de 50 lieues; d'ailleurs toutes les considérations que l'on peut présenter à cet égard, en faveur du commerce de Montauban, s'appliquent directement à la Compagnie d'entreprise, dont l'intérêt est lié à celui du commerce.

Nous ajouterons que nos vues à cet égard sont conformes à celles des gens de l'art, puisque les auteurs du projet du prolongement du canal fait en 1822, avaient choisi le lieu du pas de Finhan, pour la direction sur Montauban; si aujourd'hui l'établissement du canal latéral à la Garonne, dont le tracé passe aussi vers le pas de Finhan, s'opposait, par des motifs que nous ne prévoyons pas, à ce que le point de départ de l'embranchement, fût près de ce lieu, il devrait, selon nous, être pris au point du Vieux arpent, quoiqu'il nous paraisse moins favorable que celui que nous proposons.

Nous pensons donc que la Commission d'enquête doit être engagée à demander que le point de départ de l'embranchement soit pris au pas de Finhan, ou tout au moins à l'angle formé par le canal principal près du Vieux-arpent; que de l'un de ces points il ait la direction de Negres et de Montauban, que son embouchure soit placée le plus près possible de la ville, et qu'il y soit établi une gare *.

* Le désir de la Commission communale de voir le canal se rapprocher de la ville sera satisfait, quel que soit le supplément de dépenses qui en résulte.

Rapport de la Commission d'enquête du canal latéral à la Garonne.

Montauban, 27 novembre 1830.

Le grand caractère des événemens qu'enfante notre époque n'est pas le seul signe auquel on puisse reconnaître la marche progressive de la civilisation. Des projets d'amélioration de tous les genres annoncent dans les esprits un besoin réel d'étendre la sphère de leur activité; l'industrie et le commerce appellent l'art à leur secours pour vaincre les obstacles que leur oppose la nature, et des canaux, des routes nouvelles traversant la France dans toutes ses directions, impriment un mouvement inconnu jusque dans les parties presque oubliées de notre beau pays.

Tandis qu'une foule d'ouvrages, de travaux remarquables s'improvisent de toutes parts, l'œuvre de Riquet, ce monument immortel d'une époque déjà éloignée, est restée imparfaite. Cependant le canal du

Languedoc n'effectuera pour le commerce la jonction des deux mers, qu'autant que la communication de Toulouse avec l'Océan sera aussi facile que celle de Toulouse avec la Méditerranée; alors seulement cette ligne de navigation intérieure pourra suppléer sans dangers, à une traversée longue et périlleuse par le détroit de Gibraltar, et servira avec un grand avantage pour le pays qu'elle parcourt, aux relations commerciales entre la Méditerranée et l'Océan.

Divers projets provoqués par l'intérêt de quelques localités ont été écartés successivement comme insuffisans pour atteindre le but que s'était proposé le génie de Riquet. Aujourd'hui l'opinion des hommes de l'art appelés à juger les contestations qu'ont fait naître des prétentions rivales, paraît être arrêtée. Ils regardent comme chimérique l'espoir de rendre la Garonne susceptible en tous temps d'une grande navigation, depuis Bordeaux jusqu'à Toulouse, ou même jusqu'à l'embouchure du Tarn. Dès lors le prolongement du canal du Midi depuis Toulouse jusqu'à un point du fleuve où la navigation serait décidément affranchie de toute entrave a été demandé dans l'intérêt général du commerce. Faisant donc abstraction de toutes les prétentions de localités auxquelles elle doit rester étrangère, la Commission d'enquête approuve dans son ensemble le projet qui lui est soumis. La pensée en est grande, et le canal, autant qu'il recevrait son entière exécution jusqu'à Castets, satisferait au besoin du commerce et deviendrait une source de prospérité pour les départemens qu'il traverserait; mais dans un ouvrage de cette nature, quoique les intérêts particuliers doivent fléchir devant l'intérêt général, on doit cependant écouter les réclamations qu'ils peuvent soulever, et remédier autant que possible aux inconvéniens qui seraient signalés.

OBSERVATIONS. RAPPORTS.

La Commission a donc mis tous ses soins à recueillir les observations faites, soit par les propriétaires, soit par les communes.

Dès les premières séances, elle arrêta que des commissaires suivraient la ligne du canal et des embranchemens pour régulariser les réclamations, prendre note de toutes les demandes, et suppléer autant qu'il était en elle au défaut de données dont elle manquait absolument pour en apprécier le mérite.

L'insuffisance des documens qui ont été mis sous ses yeux de la part de la compagnie est telle, que, malgré son vif désir de faire une enquête complète, la Commission s'est vue arrêtée dans son travail, et ne peut, après avoir exprimé son avis sur le projet en général, que se borner à renvoyer toutes les pièces à M. le préfet, pour le mettre à même de juger qu'elle a dû suspendre ses recherches jusqu'à ce qu'un travail plus précis, qu'un projet arrêté lui fût communiqué *.

* On a fourni tous les renseignemens possibles et nécessaires ; ils ont été trouvés suffisans partout ailleurs.

Sans doute, on peut remettre au moment de la confection du canal un supplément d'enquête pour régler les indemnités demandées par les propriétaires, les réserves faites par eux et les communes pour assurer les communications, les rigoles d'écoulement pour les cours d'eau, etc., etc., demandes et réserves que l'on ne saurait énumérer dans l'état actuel des choses, parce que l'on ignore si l'établissement d'une écluse, dans tel ou tel lieu qui n'est pas indiqué, ne remédiera pas à tel inconvénient signalé, ou si, par l'effet du niveau du canal dans telle ou telle partie, les terres adjacentes ont à redouter ou non les effets des infiltrations.

La ligne tracée sur la carte et la ligne formée par les piquets sur le terrain ne s'accordent même pas toujours. A Pommerie, par exemple, ces lignes sont distantes de mille mètres; à laquelle doit-on s'en rapporter? C'est ce dont le projet présenté ne permet pas de s'assurer.

Mais c'est surtout pour les demandes de changement de direction que, faute de renseignemens fournis par la compagnie, la Commission se trouve dans l'impossibilité de prononcer. Ainsi, par exemple, la commune de Pompignan voudrait que le canal suivant une ligne précédemment tracée passât au-dessus du village et non au-dessous; elle donne des raisons que l'indication du niveau du canal dans cette partie pourrait seule faire apprécier. Les habitans de Moissac demandent que le canal aboutisse en amont du pont. Sans parler de plusieurs autres graves difficultés, les eaux sont-elles tenues à un niveau tel qu'elles puissent atteindre la hauteur voulue pour un pont canal dans cette partie, c'est ce dont on ne peut nullement s'assurer *.

* Lors de l'exécution si des changemens de direction sont jugés possibles ils seront faits; mais on sent bien qu'on ne pourrait pas admettre toutes les demandes qui peuvent avoir lieu à cet égard, parce qu'elles seraient souvent inconciliables.

La commune de Montauban demande pourquoi le projet de M. Guiol ne serait pas suivi pour l'embranchement depuis le piquet commun aux deux projets; elle s'étonne que l'on allonge la ligne de cet embranchement et propose une direction plus courte et plus favorable au commerce; elle trouve des inconvéniens à ce que l'embouchure soit dirigée sur le seul point submersible de la route de Toulouse, tandis que partout ailleurs, autour du faubourg Ville-Bourbon, et particulièrement au point qu'elle propose, la plaine, qui est à peine baignée pour les plus fortes inondations qui n'y apportent aucun dommage, va être mise entièrement à l'abri cette année par l'exécution d'un travail arrêté *.

* On a dit plus haut qu'il serait fait droit à cette réclamation.

Approuvant le projet dans son ensemble, la commune de Montauban croit apercevoir, dans les constructions immenses que ce beau travail exige dans certaines localités, des raisons de craindre que leur exécution ne soit entravée, et que conséquemment le commerce soit long-temps encore privé du bienfait, si souvent et toujours promis en vain.

Elle demande si dans ces cas on ne devrait pas en revenir au projet incontestablement plus simple, fait, d'après les ordres du gouvernement, par M. l'ingénieur Guiol, et présenté au conseil des ponts et chaussées, proposition qui sans travaux extraordinaires et en peu de temps mettrait provisoirement le canal en communication avec le Tarn, susceptible lui-même d'être facilement approprié aux besoins de cette navigation *.

* Nous avons dit plus haut que le canal sur Montauban seulement serait sans utilité et inexécutable, sous le rapport des produits.

Les motifs des changemens demandés par les diverses localités, exposés en détail dans les rapports joints au dossier peuvent provoquer un nouvel examen de la part de la compagnie et l'engager peut-être à réviser des parties si essentielles de son projet; mais le manque absolu de documens, l'impossibilité de reconnaître les motifs des directions adoptées par la compagnie, mettent la Commission hors d'état de répondre à aucune réclamation des communes ou des particuliers.

Ces exemples suffiront pour prouver que des renseignemens plus précis au projet arrêté sont absolument nécessaires, si l'on veut que l'enquête soit telle que les graves intérêts dont elle est l'objet l'exigent impérieusement.

La Commission prie donc M. le préfet de provoquer la remise de documens qui puissent la mettre à même de reprendre et de terminer son travail *.

* Nous ne pouvons encore que répéter ici que toutes les pièces nécessaires ont été fournies au département de Tarn-et-Garonne comme aux départemens de la Gironde, de Lot-et-Garonne et de la Haute-Garonne, et qu'il était impossible de fournir des documens plus complets, puisqu'au nombre des pièces remises se trouvaient un Mémoire sur l'ensemble du canal, une description du projet et le tracé très-exact du canal sur l'échelle de Cassini.

Au résumé, la Commission d'enquête approuve le projet dans son entier et montre ensuite sa sollicitude pour les intérêts des départemens qui se trouveront grandement servis par l'embranchement sur Montauban qui a réellement été projeté plutôt dans l'intérêt de cette ville que dans l'intérêt de la Compagnie, ainsi qu'il serait facile de le prouver.

OBSERVATIONS.

Pour l'intelligence de ces observations, nous soulignerons, dans le rapport de la Commission d'enquête, les passages auxquels ces observations s'appliqueront plus particulièrement.

RAPPORTS.

DEPARTEMENT

DE LA HAUTE-GARONNE.

Rapport de la Commission d'enquête du canal latéral à la Garonne.

La Commission d'enquête du canal latéral n'a pu remettre ses observations à l'époque qu'on lui avait désignée. Forcée par la nature de ses fonctions d'écouter toutes les réclamations et de donner son avis sur leur mérite, elle a dû subordonner son travail à la remise de ces réclamations. La commune de Toulouse n'a fait parvenir les siennes que depuis peu de temps. Elles ont paru d'une telle importance, que la Commission a dû se livrer à de nombreuses recherches pour en apprécier la valeur.

Les questions de l'influence du nouveau canal sur l'agriculture et l'industrie pouvaient être facilement étudiées; il en était autrement de celles qui regardent le commerce. L'intérêt des négocians et leur active rivalité font souvent changer la route que suivent les masses commerciales. C'est ains que l'abaissement du nolis par les patrons du canal, la médiocrité du droit de commission dans la ville de Toulouse, la facilité qu'offre cette place de négocier les traites des expéditeurs, ont depuis peu d'années singulièrement accru la surface d'activité du canal du Languedoc. Si en définitive toutes ces questions sont susceptibles d'être traduites en calcul d'argent, il n'en est pas moins vrai que les élémens presque inaccessibles de ces calculs sont le patrimoine de quelques industries particulières, dans le secret desquelles il est difficile, quelquefois même indiscret, de pénétrer.

C'est pourtant ce que la Commission a dû tenter, et quelque attention qu'elle ait apportée dans ses études, elle ne peut répondre d'avoir tout connu. Elle ne doit pas d'ailleurs laisser ignorer qu'avant sa réunion aucun élément n'avait été préparé. La surface d'activité actuelle du canal du Languedoc n'a même jamais été déterminée d'une manière exacte, et c'est pourtant cette base inconnue que tous ceux qui font des projets pour perfectionner l'ouvrage de Riquet se proposent d'agrandir.

Si le canal proposé était présenté comme seul débouché du canal de Languedoc vers Bordeaux ; si comme les routes de terre il n'exigeait pas un péage pour représenter le capital de

OBSERVATIONS. RAPPORTS.

la construction, si, par ses dimensions égales à celles du canal de Languedoc et le tirant d'eau de la Garonne, au-dessous de Castets, il devait permettre aux vaisseaux de passer de l'une à l'autre mer, les calculs de ces avantages eussent été faciles à établir; mais on le présente comme devant être en concurrence avec une voie d'eau qui transporte à bas prix une masse commerciale immense. Il conserve encore les entrepôts des deux extrémités de la ligne de navigation intérieure et ne supprime que la seule rupture de charge qui a lieu à Toulouse; on présente cette suppression comme devant changer la direction de la masse commerciale qui est établie entre les deux mers; alors il n'est pas étonnant qu'avant de faire le sacrifice de ses avantages particuliers, le commerce de la ville de Toulouse ait multiplié ses recherches pour voir si ce sacrifice serait fait à l'utilité générale.

1.

Nous sommes persuadés que la Commission d'enquête a voulu être impartiale et se défendre des préventions en faveur des intérêts locaux, mais nous croyons que sans le vouloir et à son insu elle a été dominée par ces intérêts; car, ainsi qu'on le verra, tout en recon-

1.

Convaincu que la balance de tous les intérêts particuliers doit faire connaître ce que l'exécution du projet ajoutera à la richesse nationale, *la Commission a discuté toutes ces recherches avec impartialité. Si une lé-*

OBSERVATIONS.

naissant, et à plusieurs reprises, l'utilité et les avantages du canal, elle le combat incessamment et par des faits dont elle n'a sans doute pas toujours pu vérifier l'exactitude.

RAPPORTS.

gère prévention en faveur des intérêts locaux a pu agir sur elle, elle eût été détruite par le souvenir de l'heureuse révolution opérée dans le Languedoc par le canal du Midi. Peut-être même, en donnant son avis, a-t-elle eu à se défendre d'une espèce de défiance craintive en sens contraire. Car elle s'est rappelé la longue lutte qu'eut à soutenir le grand Riquet, contre les préjugés et les intérêts mal entendus des communes et des états généraux du Languedoc, dont les sinistres prévisions furent démenties par l'événement. Elle joint à l'appui des conclusions qu'elle prend les pièces qui ont servi à déterminer leur adoption. Elle croit aussi devoir déclarer qu'aucun avis n'a été adopté dans ses réunions qu'après des discussions longues et franches, où le désir d'arriver à la vérité a toujours étouffé tout sentiment d'intérêt personnel; enfin la Commission d'enquête pour remplir les devoirs que lui impose son mandat a pensé que, n'étant pas appelée à juger des détails d'exécution, elle devait se borner à présenter dans son rapport les principes d'après lesquels le projet d'un canal latéral à la Garonne, de Toulouse à Castets, lui paraîtrait admissible ou rejetable. Si, dans le jugement qu'elle doit porter sa tâche est de considérer avant tout ce qui peut en résulter pour l'intérêt général, elle ne doit point toutefois se retrancher dans cette condition, que le trésor de l'état restant étranger aux chances de l'entreprise, c'est à la compagnie qui l'entreprend de calculer d'avance les résultats qu'elle doit en obtenir pour elle-même. Une spéculation majeure mérite qu'on s'occupe aussi de ses intérêts particuliers, surtout lorsque c'est sur la garantie des lumières de l'administration publique, que ses auteurs s'exposent à des sacrifices considérables. Si ne voyant que le bien-être qui résulterait instantanément pour nos localités de la masse de numéraire qu'y répandra l'exécution de cet important projet, nous cachions une partie de nos prévisions, nous aurions à nous reprocher d'avoir engagé une compagnie dans une entreprise peut-être ruineuse, et dont les résultats ne tendraient à rien moins qu'à décourager l'esprit d'association que le gouvernement doit plus que jamais encourager parmi nous.

La Commission dira donc avec franchise et impartialité tout ce qu'elle pense des avantages et des inconvéniens du projet qui est soumis à son investigation.

Dans le travail qu'on lui demande elle examinera :

1° Les bases sur lesquelles se fonde

OBSERVATIONS. RAPPORTS.

l'auteur du projet pour en démontrer la nécessité et les avantages;

2° L'influence que sa réalisation pourrait avoir sur la prospérité générale de l'industrie, du commerce et de l'agriculture du département de la Haute-Garonne;

3° Elle considérera le projet dans ses rapports avec les besoins et les intérêts immédiats et positifs de la ville de Toulouse.

2.

Mais il ne s'agit pas seulement du commerce extérieur, mais aussi, et encore plus, du commerce français entre les deux mers.

Et quant au commerce français, il est évident que la voie intérieure actuelle ne suffit pas, puisque ce commerce prend encore la voie de mer, comme on le verra au nº 6 ci-après.

2.

PREMIÈRE PARTIE.

Examen du projet.

L'auteur du projet admettant que le canal du Languedoc joint à la Garonne n'a point atteint le but auquel il était destiné, celui d'établir la communication des deux mers, la Commission a dû d'abord s'assurer si en effet cette voie ne suffit pas *aux échanges qui ont lieu entre les diverses productions du nord et du midi de la France*, et calculer ensuite si, en continuant le même système de navigation de Toulouse à Castets, *on pouvait espérer de déterminer le commerce extérieur à se servir de cette voie* pour verser ses marchandises d'une mer à l'autre.

OBSERVATIONS.

RAPPORTS.

Pour arriver à la solution de ce premier problème, elle a examiné l'état du commerce des contrées méridionales de la France, l'influence qu'exerce sur ses opérations la communication actuelle d'une mer à l'autre par le canal du Midi et la Garonne, le mouvement des marchandises qui s'établit sur cette ligne, les avantages et les inconvéniens que présente la réunion de ces deux navigations.

Le sol de la France, placé par sa position géographique sous des climats différens, donne des produits de natures diverses. De cette variété de produits résulte un besoin d'échange, qui se fait sentir à des points très-éloignés, pris dans son propre territoire. C'est ainsi que nos contrées méridionales versent annuellement dans celle du nord et de l'ouest les vins, huiles et fruits qu'elles récoltent, et c'est le transport de ces denrées, en retour de quelques produits manufacturés, qui alimente notre commerce intérieur.

Les canaux rendent plus actif ce système d'échange. Celui du Midi vivifie toutes les branches de notre industrie, en nous procurant des débouchés immédiats et des retours plus prompts.

Par des données précises sur la nature des produits qu'il met en circulation, nous voyons que la plus

OBSERVATIONS. RAPPORTS.

grande partie de la masse commerciale qui voyage sur ses eaux est destinée à la consommation intérieure et qu'une très-faible portion est exportée dans les marchés étrangers.

3.

Il y a ici confusion; les 54 millions de kilogrammes dont il est question ne vont pas d'une mer à l'autre. Ils se composent en petite quantité de produits de la Méditerranée pour la consommation locale, et qui arrivent par le canal du Languedoc et la Garonne. On sent que si, pour arriver à leur destination, ces produits ne descendaient pas par la Garonne, il faudrait qu'ils la remontassent après avoir passé par Gibraltar, et qu'il vaut encore mieux la descendre.

Le surplus des marchandises qui sortent du canal du Languedoc sont le produit de ses localités, et, à moins de rétrograder sur Cette, pour prendre la voie de mer, l'on sent également que leur passage est forcé par la rivière, quelles que soient d'ailleurs les difficultés qu'elle présente.

S'il était vrai que ces 54 millions de kilogrammes fussent échangés entre le sud et le nord, c'est donc que la voie intérieure offrirait des avantages, et alors on devait avoir l'assurance que tout ce qui passe par mer aujourd'hui prendrait cette voie intérieure lorsqu'elle sera complétée par l'ouverture du nouveau canal.

3.

Quoique le canal uni à la Garonne ne soit pas le seul moyen de transport employé pour les échanges qui s'opèrent continuellement entre les produits du *sud et ceux du nord de la France*, cependant il y contribue pour une grande part, *puisque, sur l'immense quantité de produits qu'il voiture*, 54,000,000 *de kilogrammes de marchandises sont annuellement reçus ou versés par lui sur ce fleuve, en se dirigeant d'un de ces points vers l'autre.*

OBSERVATIONS.

4.

La navigation fluviale ne présente pas un débouché facile, puisque cette navigation est interrompue par la maigreur des eaux et par les crues dans certains temps.

Cette navigation n'est pas prompte, puisqu'il faut toujours transborder à Toulouse.

Elle n'est pas économique, puisqu'elle entraîne le commerce dans des pertes d'intérêts pour le séjour à Toulouse, qu'elle le force à payer une commission et à prendre de nouvelles lettres de voiture, et qu'elle occasione à la marchandise, par la manutention du transbordement, des coulages et avaries.

Elle n'est pas sûre, puisque les bateaux à découvert exposent les marchandises aux intempéries, qu'il y a déchets, avaries et dilapidations, et des naufrages très-fréquens, de l'aveu même de la Commision d'enquête.

Il faut remarquer d'ailleurs que le canal, qui évite les circuits, est plus court que la rivière de 42,000 mètres (10 lieues et demie).

5.

La Garonne n'est pas meilleure aujourd'hui qu'elle l'était alors; elle change de lit comme elle en changeait, elle présente des écueils comme elle en présentait, et les naufrages n'ont pas diminué.

Si le nombre des bateliers s'est accru, c'est que, depuis Vauban, la population, la production, la consommation et les besoins se sont

RAPPORTS.

4.

Nous examinerons s'il ne pourrait pas faire davantage, et si, comme on l'assure, la Garonne, qui sert de complément à son système de communication, n'est pas un obstacle au développement de ses moyens. *Si la navigation fluviale actuellement employée ne lui présente pas un débouché facile, prompt, économique et sûr.*

5.

A l'époque où Vauban reconnut la nécessité indispensable de continuer le canal de Languedoc jusqu'à Moissac et ensuite jusqu'à la Réole, *la navigation sur le fleuve n'avait pas atteint le perfectionnement qu'elle a reçu de nos jours*. L'emploi de la force des animaux était inusité dans le halage, *et la*

OBSERVATIONS.

accru proportionnellement, et que l'on est forcé de faire aujourd'hui pour une plus grande quantité de marchandises ce que l'on faisait alors pour une quantité plus faible.

Quant à ce qui est versé par le canal du Midi dans la Garonne pour Bordeaux, l'observation que nous avons faite au n° 3 s'applique ici.

RAPPORTS.

concurrence qui s'est établie parmi le grand nombre de nos bateliers n'avait pas réduit le prix du transport à ce qu'il est aujourd'hui. Ce qu'il y a de certain, c'est qu'un bateau peut dans toutes les saisons de l'année remonter de Bordeaux à Toulouse dans douze ou quinze jours, et descendre dans le délai de trois à huit jours.

D'après un relevé de deux années que nous a fourni l'administration du canal du Midi, nous voyons que les masses commerciales qui descendent de Toulouse à Bordeaux par la Garonne donnent, année moyenne, le résultat suivant :

Produits arrivant de divers points du canal à son embouchure dans la Garonne pour y être embarqués..........	46,095,815 kil.
Produits arrivant par terre à la même embouchure pour la même destination...	3,665,249 *id.*
Total de la masse commerciale descendant par la Garonne de Toulouse à Bordeaux, année moyenne.....................	49,761,064 kil.

OBSERVATIONS.

6.

Il y a encore ici confusion ou erreur. Nous avons dit au nº 3 quelle était la provenance des marchandises qui étaient versées par le canal de Languedoc. Les marchandises ne proviennent pas de la Méditerranée, et ne sont pas destinées à l'Océan; ce qui va par cette voie d'une mer dans l'autre ne s'élève pas à plus de 6,000 tonneaux.

Mais en supposant pour un instant que ces 46 millions de kilogrammes soient à destination d'une mer dans l'autre, et que seulement 35 millions provenant de Marseille, Agde, Cette, etc., prennent la voie de mer, comment, lorsque Cette et Agde sont à l'embouchure du canal, peut-on conclure que le canal trouve dans la Garonne un véritable débouché? Il nous semble qu'il eût été plus logique de dire que ce débouché n'existait pas, puisque, d'après ces calculs inexacts ou incomplets d'ailleurs, près de la moitié des transports sont obligés à prendre la voie de mer.

Les 46 millions de kilogrammes se composent en presque totalité des produits locaux du canal du Midi, tels que blés, farine, vins, esprits, etc., etc. On ne peut donc pas arguer de leur passage forcé par la rivière que cette rivière peut servir à la communication des deux mers; et, de ce que dans ce moment il n'y a pas d'autre débouché que la rivière, on ne peut pas en arguer en sa faveur contre toute autre voie navigable.

Si la navigation en rivière était si facile, comment se ferait-il que des denrées qui croisent sur les bords du canal du Midi iraient

RAPPORTS.

6.

Lorsque l'on considère que le canal de Languedoc fait descendre à Bordeaux par la rivière 46,095,815 *kil. de marchandises, tandis que Marseille, Agde, Cette, Aigues-Mortes, Port-Vendre et les Martigues n'expédient année moyenne par le détroit que* 35,475,958 kil. à Bordeaux, aux ports du Poitou, de la Bretagne et de la Normandie jusqu'au Havre et Rouen, *on ne peut s'empêcher d'avouer que le canal trouve dans la Garonne un véritable débouché.*

OBSERVATIONS. RAPPORTS.

s'embarquer à Cette pour venir dans l'ouest de la France? Et c'est un fait positif, qu'un grand nombre de denrées provenant de la ligne du canal du Midi la plus rapprochée de la Méditerranée sont embarquées à Cette; la Commission d'enquête le reconnaît elle-même, ainsi qu'on le verra au n° 11 ci-après, et on en trouvera la preuve dans notre mémoire.

Mais un fait plus grave, c'est que la Commission d'enquête a manqué de renseignemens sur l'importance du commerce de cabotage qui se fait par Gibraltar entre les deux mers. Elle n'eût, il est vrai, pas trouvé ces renseignemens dans les états publiés par la direction des douanes; car c'est en suivant ces états que nous avons commis quelques erreurs que nous reproche la Commission. La douane a donné ses tableaux *entrées et sorties* sans distinction; et pour arriver à une connaissance exacte de l'importance des échanges qui se font par Gibraltar entre les deux mers, nous avons fait faire à la direction générale même, et sur pièces officielles, le relevé par port des années 1825, 1826, 1827, 1828, 1829 et 1830.

Il résulte de ces relevés, que nous publions en entier dans notre mémoire, que le cabotage d'une mer dans l'autre par le détroit de Gibraltar, emploie, année moyenne, 1,082 navires, et que le tonnage est de 146,009 1/2 tonneaux.

Certes, cette importante masse commerciale n'affronterait pas les dangers du cap Gibraltar, si la voie intérieure était plus facile.

OBSERVATIONS.

7.

Nous ne contestons pas que *des* bateaux puissent toute l'année voyager sur la Garonne; mais quels sont ces bateaux? Ce sont des bateaux qui portent quatre, six et huit tonneaux. Peut-on appeler cela une navigation?

Les canaux permettent de naviguer sans interruption pendant onze mois de l'année; les époques de chômage étant toujours les mêmes et connues du commerce, il ne peut en souffrir, parce qu'il a pris ses précautions.

Mais, d'ailleurs, le chômage ne doit plus avoir lieu sur les canaux, puisqu'on peut les nettoyer sans interrompre la navigation au moyen d'une machine à draguer dite *roue dragueuse*, dont on se sert déjà sur le canal de Beaucaire, et qui est décrite dans le sixième cahier des Annales des ponts et chaussées.

Quant à la gelée, elle est rare dans le Midi: l'année 1830 est une exception et non une règle. D'ailleurs, puisque la Garonne reçoit ses passages du canal du Midi, nous voudrions bien savoir ce qu'elle fait lorsque ce canal est gelé.

Qui est-ce qui exagère les torts occasionés par la Garonne? Ces torts lui sont reprochés par tout le monde depuis un siècle. Nous avons entendu naguère M. de Puimaurin présenter à la tribune un tableau déplorable de la navigation de cette rivière, et ces jours derniers, à la Chambre des Pairs, M. de Praslin et M. Decazes en ont parlé dans les mêmes termes.

Le mauvais état de la navigation de la Ga-

RAPPORTS.

7.

Pour répondre aux reproches qu'on adresse à la navigation de ce fleuve, celui de l'interruption ou de l'irrégularité qu'elle est obligée de mettre dans ses départs et dans ses arrivages, nous avons fait faire le relevé, mois par mois, des bateaux qui à leur départ de Toulouse ont payé les droits de navigation au bureau des contributions indirectes pendant les années 1829 et 1830.

Par ce tableau annexé au présent rapport, on voit qu'à l'exception de janvier 1830, époque où le fleuve était gelé, *un passage continuel de bateaux a eu lieu sur la Garonne.*

Les interruptions que les grandes crues occasionent, n'étant que momentanées, ne causent presque aucun préjudice au commerce; *tandis que celles qui ont lieu sur les canaux pour leur récurement causent une suspension générale dans les affaires, sans compter celles qui proviennent des glaces*, toujours plus précoces et plus constantes dans les eaux presque dormantes d'un canal que dans les passages d'un fleuve qui coule avec rapidité. En conséquence, la Commission reconnaît qu'on a évidemment

OBSERVATIONS.

ronne et l'impossibilité de l'améliorer suffisamment sont des faits qui n'admettent pas de dénégation.

8.

Nous avons également compté les frais de transports par la rivière à 60 c. à la descente, et à 1 fr. à la remonte, ou 12 et 20 fr. par tonneau.

Cependant cette moyenne est bien basse, et, pour en donner la preuve, nous ne nous appuierons pas des renseignemens particuliers que nous avons recueillis, mais de ceux fournis sur un grand nombre d'années à la direction des contributions indirectes par les receveurs des droits de navigation.

Le receveur des droits de navigation de port Boudou dit dans son rapport : « que le prix » du transport par eau varie selon la saison et » suivant l'état des eaux ; que dans les mois » de mai, juin et partie de juillet, temps de » de la fonte des neiges, il est ordinairement » fixé à la descente à 60 c. par quintal (de 50 » kilogrammes) ou douze fr. par tonneau ; et » dans le reste de l'année il s'élève ordinairement à 90 c. et un 1 fr., ou 18 et 20 fr. » par tonneau ; qu'à la remonte ce prix est de » 1 fr. 50 c. par quintal, ou 20 et 30 fr. par » tonneau. »

MM. les membres de la Commission d'enquête ont donc pris le taux le plus bas, et c'est aussi celui que nous avons suivi.

Mais il est évident que ces messieurs se trompent lorsqu'après avoir établi leur calcul sur la différence qui existe aujourd'hui entre

RAPPORTS.

exagéré les torts qu'occasionent au commerce les interruptions de la navigation sur la Garonne.

8.

Par l'expérience de presque tous ses membres la Commission d'enquête *est convaincue que le maximum du prix de transport à la descente est de:*
ci. . . . . 0,60 cent. par 50 kil.
Et à la remonte
de. . . . . 1,00 *id.* *id.*

Mais pour établir le prix moyen de la navigation sur le fleuve il faut avoir égard à la différence qui existe dans les masses commerciales montantes et descendantes ; or, cette différence étant à peu près dans la proportion de 4 à 1, il en résulte que le prix moyen de transport est de 0,72 centimes par 50 kilogrammes, y compris les frais de transbordement, droits de navigation, starie et jusqu'à l'assurance de 1/2 pour cent.

Pour s'assurer si le prix de la voiture sur le fleuve n'est pas à un taux trop élevé, la Commission a cru devoir le comparer à celui que nos marchandises auront à supporter en employant la voie du canal latéral ; elle a donc calculé que de Toulouse à Castets il y avait 37 distances, qui, à 2 centimes

OBSERVATIONS.

les passages à la descente et les passages à la remonte, ils trouvent une moyenne de 0, 72 c. par 50 kilogrammes, y compris tous les frais, même l'assurance à 1/2 pour 0/0.

En effet en admettant, comme le dit la Commission, que la descente soit à la remonte comme 4 est à 1, le prix moyen serait, d'après ses propres calculs, de 0,68 c. par 50 kilogrammes. Conséquemment il ne resterait que 00,4 c.pour la commission et tous les autres frais, et nous verrons ci-après, au n° 11, que ses frais de commission *seule* sont de 0,10 c. Il y a donc erreur.

D'ailleurs, il n'est pas régulier d'établir la moyenne de ce plus bas taux sur la quantité plus ou moins grande de denrées qui descendent ou qui remontent; si la remonte est moindre, cela tient à la difficulté de la navigation, et, dans tous les cas, la moyenne de 12 et de 20 fr. est de 16 fr.

Si à ces 16 fr. nous ajoutons les frais de commission de 10 c. par quintal, ou 2 fr. par tonneau, si nous ajoutons les frais que le transbordement exige, les nouvelles lettres de voiture, la perte d'intérêts, les coulages, déchets et avaries, etc., etc., nous trouverons au-delà de 27 fr. à la descente, et de 35 fr. à la remonte.

Le canal qui évitera le transbordement et tout ce qu'il occasione de perte, et qui évitera aussi tous les déchets qui ont lieu sur la rivière, ne coûtera à la remonte comme à la descente que 18 fr. 20 c., tout compris.

Certes, en supposant même une réduction sur les frais par la rivière, l'économie que présentera le canal, sur la dépense et sur le temps, sera considérable, ainsi qu'on peut le voir avec détails dans notre mémoire, auquel nous renvoyons pour ne pas nous répéter inutilement.

RAPPORTS.

l'une pour droits de navigation, se montaient à. . . . . 0 f. 74 c.

Que sur le canal du Languedoc on accordait au patron sur un trajet semblable 25 centimes, et qu'alors il était raisonnable d'accorder à celui du nouveau canal le même prix, ci. . 0 25

Qu'à ces deux sommes il fallait ajouter pour le cinquième du chemin qui reste à faire pour se rendre de Castets à Bordeaux, droits de navigation sur le fleuve compris. 0 07

Total p. 50 kilogrammes. 1 f. 06 c.

OBSERVATIONS.

9.

Cette rupture de charge à Castets est un rêve ; elle n'existera pas.

Mais nous avons lieu d'être surpris de voir la Commission d'enquête élever les frais du transbordement supposé à Castets à 30 *centimes au moins* par 50 kilogrammes, tandis qu'elle ne compte que 10 *centimes à Toulouse*, ainsi qu'on le verra plus loin, au n° 11.

A-t-on voulu exagérer les frais à Castets et les dissimuler à Toulouse? nous ne le pensons pas; c'est sans doute une erreur. Il est vrai qu'ici on compte la commission *et les frais de transbordement*, et que pour Toulouse on ne parle que de la commission.

Toutefois il paraît certain que les seuls frais de transbordement et de commission s'élèvent à 30 c. par quintal, ou 6 fr. par tonneau.

Or, si à la moyenne des frais de transports par la rivière qui est, comme on l'a vu au n° 8 ci-dessus, de 16 fr., nous ajoutons 6 fr., nous aurons 22 fr., non compris les déchets et pertes d'intérêts, etc. Le prix du transport par la rivière est donc bien supérieur à ce qui est dit dans le rapport de la Commission d'enquête, et s'élève au-dessus de celui que nous avons fixé.

Nous pensons même que si tout était bien compté, l'économie par le canal serait de près de moitié.

La différence entre les masses montantes et descendantes ne provient que des difficultés de la navigation en rivière, et loin d'être obligé d'augmenter les frais de nolis, le patron les diminuera de beaucoup.

Le patron qui arrive du canal à Toulouse a

RAPPORTS.

9.

La différence en plus qui existe entre le prix de transport par la navigation artificielle avec celui qui s'opère par la navigation naturelle serait bien plus sensible, s'il était démontré que les barques pontées du canal ne pouvant naviguer sur la Garonne seront forcées de rompre charge à Castets. Dès lors les frais de transbordement et de commission à supporter dans ce dernier port élèveraient le prix de la voiture de Toulouse à Bordeaux de 30 *centimes au moins par* 50 *kilogrammes*. Si nous supposons encore que la proportion entre les masses montantes et descendantes reste la même qu'elle est aujourd'hui, le patron sera obligé d'augmenter le prix du nolis, attendu qu'il ne trouverait point comme sur le canal du Languedoc des charges égales à l'allée et au retour.

D'après la comparaison de ces deux tarifs, il est évident que la navigation fluviale est celle qui présente le plus d'économie.

OBSERVATIONS.

son chargement complet; mais il ne le retrouve pas à Toulouse pour remonter le canal.

Il attend très-long-temps une portion de chargement, ce qui n'aura pas lieu lorsque le commerce pourra prendre la voie intérieure par le canal de la Garonne, parce qu'alors les chargemens seront prêts et complets à l'une et à l'autre extrémité.

Aujourd'hui le patron s'arrête à Toulouse, il ne s'y arrêtera plus et gagnera le double, et loin d'augmenter le nolis il le baissera, et trouvera encore beaucoup plus de bénéfices qu'il n'en fait aujourd'hui; car il est évident qu'aujourd'hui les barques du canal ne font pas plus d'un voyage par mois, considéré avec chargement plein, ce qui, à 5 fr. par tonneau et 100 tonneaux par barques, produit 500 fr.

Lorsque le canal de la Garonne sera ouvert, une barque pourra aller et revenir de Cette à Bordeaux en un mois, ce qui également à 100 tonneaux pour chaque voyage, et à 6 fr. seulement de nolis pour les deux canaux, produira 1200 fr.

On voit que le nolis peut être diminué de près de moitié, et que les patrons doubleront leurs bénéfices en réduisant même le nombre des voyages ou le chargement que nous leur attribuons.

10.

Lorsque nous avons dit que la Garonne était fréquente en naufrages, nous avons avancé un fait vrai. Nous n'avons pas présenté l'état de ces naufrages, autrement nous aurions pu dire que naguère sept bateaux ont péri en moins d'une heure, et que, plus récemment, trois autres ont eu le même sort et au même moment.

RAPPORTS.

10.

Ayant à examiner enfin quels sont les hasards auxquels les marchandises sont exposées lorsqu'on les charge sur le fleuve, elle a fait faire le relevé des procès-verbaux d'avarie qui ont été dressés par les juges de paix de son département, pendant les trois

OBSERVATIONS.

Au surplus, sur le fait des naufrages, la Commission nous absout puisqu'elle avoue qu'il n'en arrive que douze par an. Il nous semble que c'est beaucoup trop.

On dit qu'on ne trouve pas d'assurés; il serait peut-être plus exact de dire qu'on ne trouve pas d'assureurs.

Quant à la navigation de Castets à Bordeaux, elle n'a jamais été dangereuse, mais seulement quelquefois entravée au passage des *Merles*. C'est peut-être ce passage qui a donné lieu à l'erreur du transbordement à Castets: mais il était facile de faire disparaître cet obstacle momentané à la navigation, et ce sera chose faite avant l'exécution du canal, puisque les travaux ont déjà été mis en adjudication par l'administration.

Le Garonne ne sert de débouché au canal que pour son produit local. Le canal du Midi lui-même ne sert pas de débouché aux deux mers, et ne le pourra qu'avec le secours du canal de la Garonne, qui sera toujours la ligne la plus courte, la plus prompte et la plus économique pour le commerce.

RAPPORTS.

dernières années. D'après ces documens qui sont annexés à notre travail, on voit que dans le seul département de la Haute-Garonne ces procès-verbaux sont au nombre de trois, année moyenne. Si on considère que cette partie du fleuve est celle dont le lit est le moins profond et le plus semé d'écueils, on peut admettre le chiffre ci-dessus comme base de l'évaluation des procès-verbaux d'avarie des trois autres départemens riverains. *Ainsi 12 avaries ou sinistres auraient lieu par an de Toulouse à Bordeaux* sur trois mille bateaux qui naviguent annuellement sur ce fleuve. Ce qui peut encore faire connaître l'influence que ces avaries peuvent exercer sur les expéditions par cette voie, c'est le taux de l'assurance qui est de demi pour cent, et qui, nous devons le dire, ne trouve pas d'assurés.

Les marchandises qui emploieront la navigation du canal latéral, ne seront pas affranchies de tout risque, puisqu'elles auront à faire sur la rivière un trajet de 50 mille mètres de Castets à Bordeaux.

D'après tous les faits ci-dessus, il est incontestable que la Garonne sert de débouché au canal, et s'il est exact de dire que ce dernier n'a pas donné les résultats gigantesques qu'on en avait espéré, au moins peut-on pen-

OBSERVATIONS. RAPPORTS.

ser qu'il remplit toutes les conditions qu'il était raisonnable d'attendre de ses services.

11.

Nous ne pourrions répondre à cette partie du rapport de la Commission qu'en entrant dans des détails qui nous conduiraient trop loin, et comme tous les documens sont compris dans notre mémoire, nous ne pouvons qu'y renvoyer. On verra dans ce mémoire si nos conjectures sont appuyées sur des calculs sans preuves, nos assertions hasardées et quelquefois inexactes; on verra enfin si nous n'avons qu'une connaissance superficielle des contrées qui nous occupent.

La Commission d'enquête dit que « l'augmentation que l'on remarque dans le fret, » pour Nantes et pour le Havre, des marchandises qui ont suivi la voie du dedans sur celle » qui ont suivi la voie du dehors, vient *des frais considérables qu'entraîne leur transbordement à Bordeaux.* »

Ainsi on nous dit qu'il en aurait coûté pour un transbordement à Castets 30 c. par quintal, et seulement 10 c. à Toulouse. On parle ici des frais considérables qu'entraîne un transbordement à Bordeaux! mais le transbordement ne peut être plus considérable à Bordeaux qu'à Toulouse; et si effectivement ces frais sont considérables, c'est donc rendre un important service au commerce que de l'en affranchir sur un point quelconque.

A Bordeaux les marchandises s'écoulent au moins facilement, parce que l'eau ne manque pas; il n'en est pas de même à Toulouse, où

11.

La Commission est convaincue que le canal latéral ne lui fournira pas un débouché plus certain, et ne viendra augmenter le nombre de ses avantages que tout autant qu'il lui attirera du dehors une masse plus considérable de marchandises.

Tout l'édifice du canal projeté reposant sur cette dernière probabilité, c'est cette probabilité qui mérite l'examen le plus approfondi.

La Commission, dans les pièces qui lui ont été soumises, ne trouve rien qui puisse lui donner la certitude que le canal latéral attirera du dehors un mouvement plus actif sur la ligne navigable des deux canaux. Des conjectures appuyées sur des calculs sans preuves, des assertions hasardées et quelquefois inexactes, lui font croire qu'une connaissance trop superficielle de nos contrées, sous le rapport de leur existence physique, de leur industrie et de leurs relations commerciales, ont pu faire méprendre l'auteur du projet sur les résultats qu'il espère obtenir de son exécution. Elle tâchera donc de se rendre compte des

OBSERVATIONS.

il faut attendre long-temps et laisser les marchandises sur les quais, pour les embarquer ensuite sur une infinité de bateaux découverts.

Si Port-Vendre et Cette, qui sont à l'embouchure du canal, expédient par mer une quantité notable de marchandises au Havre et dans les ports de la Bretagne, c'est une preuve que le commerce n'ose pas se risquer sur la rivière, et si nous avions besoin de preuves de cette vérité, nous les trouverions dans ce que nous ont dit des négocians de Cette, savoir : qu'il y a toujours économie de temps à prendre la voie intérieure, et qu'il y aurait également économie de dépense si la Garonne pouvait offrir un constant débouché au canal.

Le rapprochement que fait la Commission entre Bordeaux et les autres ports de l'Océan n'est pas juste; car on voit que pour aller par mer de la Méditerranée à Bordeaux il faut remonter la Gironde, tandis qu'on y arrive tout droit en prenant la voie intérieure, et que l'on préfère cette voie, quelque coûteuse qu'elle soit. Les mêmes causes n'existent pas pour les autres ports de l'Océan, conséquemment on ne peut en tirer aucune conclusion.

Si la Commission n'a pu se procurer le tableau des masses commerciales des ports *de la Bretagne, de la Normandie, du Poitou*, etc., nous nous les sommes procurés et on les trouvera, comme nous l'avons dit, dans notre mémoire.

En définitive, la Commission trouve que le passage par les canaux coûterait 4 fr. 80 c. de plus que par Gibraltar; mais on a vu dans nos observations que la Commission s'est trompée dans ses calculs, et l'on verra dans notre mémoire qu'il y aura, au contraire, par les canaux une économie moyenne de plus de 12 fr.

RAPPORTS.

fondemens que pourraient avoir les prévisions de M. Doin en cherchant l'appât qui ferait donner au commerce extérieur la préférence à la nouvelle communication intérieure, sur celle dont il fait usage aujourd'hui par le détroit de Gibraltar.

L'abaissement du prix des objets à échanger facilitant leur écoulement, et les frais de transport étant une des parties intégrantes de la valeur vénale de tous les genres de produits, il est essentiel de chercher les moyens de procurer cet abaissement en réduisant les frais le plus possible. C'est dans cette économie, depuis le point de leur fabrication jusqu'au lieu de leur consommation, que le commerce cherche constamment le principe de ses bénéfices. C'est donc par l'économie sur les frais de transport que la Commission a d'abord cherché à s'expliquer la préférence que le commerce maritime doit, selon l'auteur du projet, donner à la voie intérieure, lorsque le canal latéral sera creusé.

Pour arriver à ce but, elle a comparé le prix des transports des marchandises qui de nos ports méditerranéens se dirigent vers ceux de notre littoral sur l'Océan, en suivant des routes différentes, l'une par le détroit et l'autre par la navigation intérieure qui fournit actuellement le canal de Languedoc et le fleuve qui est

OBSERVATIONS.

La Commission pense que « la préférence » que le commerce accorde à la voie de mer, » pour tout ce qui ne doit pas être consommé à » Marseille ou à Bordeaux, ne vient pas, comme » on paraît le croire, de ce que le canal du Lan- » guedoc n'a pas de débouché, puisque la » Commission a prouvé le contraire. »

Mais la Commission n'a pas prouvé cela. Le canal du Languedoc a un débouché dans la Garonne pour ses produits destinés à la consommation de la Garonne; *mais il n'a pas de debouché pour les échanges d'une mer à l'autre*, et c'est ce débouché qu'il faut lui donner et que lui donnera le canal de la Garonne.

Enfin la Commission avoue elle-même l'infidélité des agens qui opèrent le transbordement, elle justifie ainsi ce que nous avons dit à ce sujet.

RAPPORTS.

à sa suite; sauf ensuite à examiner si, lorsque le canal latéral sera substitué à la Garonne, elle doit changer ses calculs en faisant la part des avantages qu'il apportera dans les moyens actuels.

Tous les documens que nous avons sous les yeux attestent que le fret par mer de Marseille à Bordeaux, en y comprenant le chapeau du capitaine et l'assurance à 1 et demi pour cent, ne dépasse pas 50 fr. le tonneau, que le fret de Marseille à Nantes est au même taux, et qu'il est à 60 fr. pour le Havre.

Que celui de Marseille à Bordeaux par la communication intérieure, en y comprenant les frais de mer jusqu'à Cette, de navigation sur le canal de Languedoc, de descente sur la rivière, de commission de passage à Toulouse, de staries et jusqu'à l'assurance de demi pour cent, est de 45 fr. par tonneau.

Que ce même fret de Marseille à Nantes, par la communication intérieure, reviendrait à 60 fr. pour Nantes, et à 70 fr. pour le Havre.

L'augmentation que l'on remarque, dans le fret pour Nantes et le Havre, des marchandises qui ont suivi la voie du dedans, sur celles qui ont suivi la voie du dehors, vient des frais considérables qu'entraîne leur transbordement à Bordeaux.

Par le relevé des masses commerciales qui ont été exportées par mer, pendant les années 1822, 1823, 1824 et 1825, des divers ports de la Méditerranée par le cabotage, et en continuation d'entrepôt à Bordeaux, aux ports du Poitou, de la Bretagne, de la Normandie, au Havre et jusqu'à Rouen, on peut déterminer la limite d'action du canal de Languedoc. *Dans ce tableau on voit que Port-Vendre et Cette, qui sont cependant à l'embouchure de ce canal, expédient par mer* une quantité notable de marchandises au Havre et dans les ports de la Bretagne, et rien à Bordeaux.

Que Marseille n'envoie par mer à Bordeaux que 330 tonneaux environ par année; que presque tout le commerce qui se fait entre ces deux grandes villes doit se faire par conséquent par la voie du canal et de la Garonne; que Marseille expédie par le détroit à Nantes, à Brest, à Morlaix, à Saint-Brieuc, à Caen, au Havre, à Rouen et autres ports français sur l'Océan, 29,511 tonneaux, année moyenne.

D'où vient que toute cette quantité de produits ne passe pas par le canal et la Garonne, dont la navigation prête cependant son secours aux opérations commerciales que Marseille fait avec Bordeaux, et *vice versâ?* C'est que les marchandises qui passent en transit par Bordeaux y sont frappées d'un droit de commission considérable, et qu'il y a alors économie, lorsqu'elles sont destinées pour Nantes, Brest, Morlaix, le Havre, etc., à les envoyer directement par mer en évitant ce port.

La Commission n'a pu se procurer le tableau des masses commerciales qui, des ports de la Bretagne, du Poitou et de la Normandie, sont expédiées par mer à Marseille et dans les ports voisins; mais il est à présumer qu'au retour les mêmes causes produisent les mêmes effets.

S'il est donc vrai que les seuls frais de transit perçus à Bordeaux éloignent aujourd'hui de ce port les produits de la Méditerranée qui ne sont pas destinés à sa propre consommation, on ne doit pas espérer que le canal latéral les y attire, puisque alors le nolis augmentera de 6 fr. 80 c. par tonneau, suivant la comparaison que nous avons déjà établie entre le prix du transport actuel par la Garonne et celui qui nous est présenté par le canal latéral. Observons qu'on économisera alors la commission de passage à Toulouse; mais cette commission n'est que de *dix centimes par 50 kilogrammes ;* il restera donc toujours une augmentation de 4 fr. 80 c. par tonneau pour les marchandises qui emploieront la navigation des canaux.

Dans le calcul des frais que nous venons de fixer pour le transport des marchandises par mer, il est bon de faire remarquer que nous avons pris le taux du fret accordé aux navires français, et on sait que les navires des autres nations transportent à meilleur marché que nous.

Les frais de transit étant évidemment un obstacle au passage des marchandises par Bordeaux, les frais de séjour, le bénéfice que doit prélever le négociant qui se charge d'approvisionner l'étranger de tous les produits de la mer qui est opposée à son entrepôt, augmenteront leur valeur à tel point qu'il sera plus avantageux pour le commerce maritime d'aller les puiser à leur source que de les acheter à des entrepôts.

La Commission pense donc que la préférence que le commerce accorde à la voie de mer, pour tout ce qui ne doit pas être consommé à Marseille ou à Bordeaux, ne vient point, comme paraît le croire l'auteur du projet, de ce que le canal de Languedoc n'a point de débouché, puisque nous avons prouvé le contraire; mais bien de ce que les frais qu'entraîne la navigation intérieure par ses transbordemens, ses droits de commission, *l'infidélité des agens* qui l'opèrent de main en main, excèdent, dans une infinité de circonstances, le prix de la voiture par mer.

C'est ainsi que Louis XIV, en an-

OBSERVATIONS. | RAPPORTS.

nonçant que ce n'était pas seulement à ses propres sujets qu'il voulait ouvrir une communication d'une mer à l'autre, mais encore à toutes les nations de l'univers, avait conçu des espérances plus brillantes que solides. Ce projet n'aurait atteint de résultats aussi grands que tout autant que cette communication aurait été ouverte de manière à faire naviguer le même équipage de la Tamise aux côtes d'Alexandrie; mais la dimension de la voie qui leur fut offerte, exigeant l'emploi d'une industrie voisine, des frais de transbordement et d'entrepôt, le navire s'affranchit de tout péage, et continua de marcher à pleines voiles vers son but.

12.

La Commission reconnaît qu'il est très-vrai que le trajet par l'intérieur de la France sera plus court que par le détroit; nous pensons que si la Commission avait fait état de tous les frais que coûte le passage par le détroit, et de tous les déchets qu'éprouve la marchandise, elle eût également trouvé qu'il y avait économie d'argent.

Quant à la navigation de nuit par les canaux, nous ne voyons pas qu'il puisse y avoir plus de dangers en France qu'en Angleterre où cela se pratique.

Et quant à la fixité dans les départs et arrivages, il est bien vrai qu'elle ne sera absolue

12.

Malgré les lenteurs que l'entrée de la rivière de Bordeaux occasione à la marche des navires dans certaines saisons de l'année et le temps que nécessitent deux transbordemens, IL EST NÉANMOINS TRÈS-VRAI QUE LE TRAJET PAR L'INTÉRIEUR DE LA FRANCE SERA PLUS COURT QUE PAR LE DÉTROIT, lors même qu'on ne naviguerait pas la nuit sur les canaux; car si cette méthode, employée en Angleterre, a l'avantage d'être plus prompte, elle a aussi l'inconvénient d'être plus coûteuse et de

que pour la ligne des canaux ; mais pourtant il faut reconnaître que l'on peut calculer à peu de jours près la durée d'un voyage du Havre à Bordeaux, tandis que ce calcul est impossible pour un voyage du Havre à Cette ou à Marseille.

Le bénéfice de temps et de dépense est positif avec la rupture de charge à Bordeaux; mais il n'est pas impossible d'avoir des navires qui puissent tenir la mer et franchir les canaux. Un semblable navire a déjà très-bien fait le service de Marseille à Toulouse, et pour en avoir de pareils, il ne sera pas nécessaire de reformer la marine de Riga, Hambourg, Smyrne et l'Adriatique ; ces navires seront naturellement construits par ceux auxquels ils pourront profiter.

Nous devons ajouter que, d'après l'expérience faite depuis long-temps en Angleterre, et notamment sur le canal de Glascow à Paisley, qui n'a pas d'autre dimensions que les canaux de France, la vitesse des barques est de plus de trois lieues à l'heure, sans qu'il en résulte aucun dommage pour les berges. On a donc lieu d'espérer qu'en employant ici les mêmes procédés on acquerra une vitesse égale; mais en ne comptant même que deux lieues à l'heure, le trajet de Bordeaux à Cette se ferait en soixante heures.

présenter quelques risques pendant la manœuvre des écluses, et il est bien rare que le commerce spécule sur une arrivée plus prompte de trois ou quatre jours dans le trajet que fait une marchandise qui part de Londres pour Marseille. *D'ailleurs peut-on annoncer qu'elle arrivera à jour fixe*, lorsque l'envoi sera obligé de naviguer sur les golfes de Gascogne et de Lyon. Cette précision dans le départ et l'arrivée ne peut être obtenue que de Castets à Cette, et *vice versâ*.

Cependant nous admettons que le trajet par mer sera toujours plus long, et qu'il s'ensuivra de là une perte sensible d'intérêt sur la valeur des marchandises qui opèreront leur traversée. Mais cette perte ne sera-t-elle pas compensée par l'économie qu'on aura en employant des navires de grand tonnage, et par celle que présente, même dans l'emploi des petits, la différence du fret ? Le bénéfice que fait valoir l'auteur du projet, en présentant un chemin plus court, ne serait réel que tout autant que le trajet serait fait sans transbordement, par le même navire, du point de son départ à celui de sa destination.

Les navires de Riga et de Hambourg, de Smyrne et de l'Adriatique, reformeront-ils leur matériel pour pouvoir passer dans les écluses de nos canaux ? C'est pourtant le seul moyen de pro-

13.

Il est évident qu'il y aura économie et sûreté pour le commerce à prendre la voie intérieure; conséquemment il est raisonnable de croire que le commerce se servira de cette voie.

Mais il y a ici quelque contradiction dans l'avis de la Commission.

Elle dit que « la presque totalité de la masse » commerciale, ne trouvant dans la nouvelle » route aucun avantage appréciable, conti- » nuera de passer par la voie extérieure. »

Puis elle dit « qu'alors le canal latéral ne » prêtera son secours qu'au commerce qui se » fait actuellement entre les contrées méridio- » nales et celles de l'ouest de la France. »

C'est précisément ce que nous disons nous-mêmes pour le commerce entre le midi et l'ouest de la France. Mais comment se ferait-il que l'avantage qui se trouvera pour l'ouest de la France ne se trouverait pas pour les ports de la Manche et du nord de l'Europe?

Toutefois la Commission reconnaît que, sous le rapport du commerce entre les contrées méridionales et celles de l'ouest de la France, *le canal latéral sera, comme celui du Languedoc, utile pendant la paix et inappréciable dans le cas d'une guerre maritime.*

Ainsi la Commission reconnaît ici, sous

fiter des avantages de la communication intérieure; car il a été démontré que les frais de séjour à l'entrepôt rendent désavantageux les achats de marchandises faits dans un port opposé à la mer qui les a produites.

13.

La Commission ne peut adopter de pareilles espérances, et bien que l'auteur du projet assure qu'une partie des quinze cent mille tonneaux qui passent par le détroit seront attirés dans le nouveau passage, nous croyons, par les motifs énoncés ci-dessus, que presque *la totalité de cette masse commerciale, ne trouvant dans cette route aucun avantage appréciable, continuera de passer par la voie extérieure. Le canal latéral, alors, ne prêtera son secours qu'au commerce qui se fait actuellement entre les contrées méridionales et celles de l'ouest de la France.* SOUS CE RAPPORT IL SERA COMME CELUI DU LANGUEDOC, UTILE PENDANT LA PAIX ET INAPPRÉCIABLE DANS LE CAS D'UNE GUERRE MARITIME. Mais indemnisera-t-il ses propriétaires des sacrifices qu'ils seront obligés de faire pour son exécution? C'est ce que nous allons examiner en recherchant quel sera le mouvement de produits qui s'établira sur cette ligne navigable, tout autant

OBSERVATIONS.

plusieurs rapports, l'utilité et les avantages du canal; mais elle cherche à le combattre sous le rapport de son revenu. Cette question, qui est d'ailleurs en dehors, et nous regarde personnellement, a été traitée très-longuement dans notre mémoire.

14.

Ainsi que nous l'avons déjà dit plusieurs fois, nous ne pourrions entrer ici dans une discussion sur les produits du canal, sans nous livrer à de très-longs développemens, et nous ne pouvons que renvoyer à notre mémoire.

Nous nous bornerons à quelques observations seulement.

Lorsque nous avons parlé éventuellement des transports sur Lyon, nous n'avons jamais entendu parler de ceux qui se font aujourd'hui entre cette ville et Marseille. Nous n'avons parlé que de ceux qui se font actuellement entre Lyon et Bordeaux par le roulage, et nous avons dit qu'il y aurait avantage à pendre la voie des canaux, et c'est là un fait certain.

Nous n'avons jamais eu la pensée de dire, et nous n'avons jamais dit, que les vins remonteraient de Bordeaux sur la Méditerranée.

Nous ne voyons pas comment les blés n'auront rien à faire sur le canal latéral; car les blés y passeront, comme tous les produits, par économie et sécurité.

Et quant aux liquides que l'on prétend devoir, comme par le passé, descendre par la rivière, nous demanderons s'il est une seule personne qui puisse croire que des liquides arrivant du canal du Midi, et pouvant conti-

RAPPORTS.

du moins que le peu de documens que nous possédons peut nous le permettre.

14.

Mouvement présumé.

Si, pendant l'année 1827, le commerce français avec l'Italie, l'Adriatique, l'Egypte et le Levant, s'est élevé à 294,799 tonneaux, les 2/3 n'ont pas dû passer le détroit, comme le dit l'auteur du projet dans le précis qui est sous nos yeux.

Le commerce du nord de la France prend son écoulement vers le midi, par les nouveaux canaux et le Rhône. Les produits manufacturés de Paris, dont la valeur en général peut supporter un prix de transport plus élevé, viennent, par le roulage, s'embarquer dans les ports de la Méditerranée.

Les denrées du midi, en grande partie, sont récoltées sur le même littoral. Il ne reste donc au canal latéral que le transport des marchandises venant du sud-ouest.

Nous n'avons pu nous procurer des notions exactes sur les masses commerciales qui sont exportées de ce

OBSERVATIONS.

quer leur marche par le canal latéral, seront arrêtés et déchargés à Toulouse pour être ensuite rechargés et embarqués sur la rivière ?

Quant à ce que Bordeaux expédie aujourd'hui par mer dans la Méditerranée et que l'on porte à 888,689 kil., ce ne peut être que par erreur que l'on veut faire croire que nos calculs de produits ont eu pour base cette faible masse commerciale.

RAPPORTS.

dernier point vers la Méditerranée, en passant par le détroit, à l'exception cependant de celles de Bordeaux, expédiées à Cette et à Marseille. Le tableau que nous en avons donne pour résultat une quantité moyenne de 888,689 kil. Cette très-petite quantité ne nous surprend point et nous fait voir l'influence qu'exerce la navigation de la Garonne et du canal sur les relations commerciales qui existent entre ces trois ports.

En supposant que Bordeaux trouvant plus d'avantage à se servir du canal latéral, supprimât les expéditions qu'il fait par mer à Marseille et à Cette, il en résulterait que celui-ci aurait à transporter pour la Méditerranée, année moyenne, ces 888,689 kil.

A ce transport nous devons ajouter les marchandises qui remontent la Garonne, voulant bien croire que le canal projeté prendra toutes celles qui se dirigent aujourd'hui de Bordeaux vers Toulouse. D'après le relevé que nous a fourni l'administration du canal du Midi, nous voyons que chaque année la Garonne conduit ici 13,593,880 kil. de divers produits.

A cette quantité nous devons ajouter encore ceux qui remontent pour entrer dans la Bayse, le Lot et le Tarn ; nous n'avons pu les apprécier; mais si nous en jugeons par analogie, nous ne voyons pas une perspective bien encourageante pour les actionnaires du nouveau canal.

Quant aux transports des cotons et denrées coloniales destinées à l'approvisionnement de Lyon, l'auteur du projet ne doit pas y compter. Les cotons du Levant parviendront toujours à Lyon par Marseille et le Rhône, leur direction naturelle. Les denrées coloniales et les produits des grandes pêches peuvent lui être fournis par la même voie, puisque Marseille les fournit aujourd'hui à Toulouse, concurremment avec Bordeaux. La voiture de Marseille à Lyon, par la voie du Rhône, ne coûte que 4 fr. 80 cent. les cent kilogrammes.

Les vins des environs de Bordeaux, n'abreuvant point les habitans voisins de la Méditerranée, pays déjà riche en excellens crus, ne doivent point, en quantité considérable, alimenter le canal qui se dirige de ce côté.

Les blés sont versés du haut dans le bas Languedoc et les liquides qui remontent dans le sens inverse forment les deux tiers de la masse commerciale qui circule sur le canal du Midi, et produisent ses bénéfices. *Dans ces deux tiers, l'un, les blés n'auront rien à faire sur le canal latéral, l'autre, les liquides continueront comme par le passé à descendre par la rivière, puisqu'il est prouvé que*

OBSERVATIONS. RAPPORTS.

cette route est constamment la plus économique.

Aucune grande exploitation de houille et de bois de chauffage ou de matériaux de construction ne peut encore grossir le nombre de ses péages, puisqu'il ne traverse aucune forêt et qu'il n'avoisine aucune houillère ni minière considérable.

Le commerce du bois qui, avant le traité de 1814, se faisait en descendant de la vallée d'Aure par la Garonne, a cessé entièrement depuis que les bois du nord de l'Europe abondent à Bordeaux. Quelques radeaux de merrains vont encore sur le fleuve et presque sans frais jusqu'à Aiguillon. Ils continueront la même voie, ne pouvant descendre de nos montagnes à Toulouse que pendant les hautes eaux.

L'exportation des marbres des Pyrénées trouverait dans la disposition des barques du canal un moyen de transport plus commode, surtout pour les blocs de grandes dimensions; mais tant que le gouvernement ou des compagnies puissantes n'ouvriront pas des chemins praticables, depuis le lieu de leur extraction jusqu'à Toulouse, ce commerce sera toujours languissant.

C'est maintenant à ceux qui doivent entreprendre l'exécution du canal latéral à réunir d'autres sources de revenu et à en calculer l'importance.

OBSERVATIONS.

15.

La Commission revient encore ici sur les produits du canal, et paraît craindre que sa franchise ne fasse abandonner le projet qu'elle voudrait au contraire voir exécuter par des travaux dont la majesté honorerait la France.

Nous regrettons, nous, que la Commission se soit donné tant de peine inutile pour faire abandonner un projet auquel elle reconnaît tant d'importance, et nous sommes assurés qu'elle l'encouragera lorsque, mieux éclairée, elle reconnaîtra qu'elle s'est trompée sur les avantages particuliers de l'entreprise.

16.

Le canal sera avantageux au commerce, si, comme nous l'avons démontré, il lui offre une voie plus sûre, plus prompte et plus économique que celles existantes.

Le tarif doit être le même que celui du canal du Midi, et l'on doit espérer qu'un abaissement du tarif sera reconnu utile dans l'intérêt même du canal du Midi, et qu'il aura lieu sur les deux canaux au profit du commerce et des consommateurs.

RAPPORTS.

15.

S'il est vrai qu'un canal à grande section, pour être avantageux à ses propriétaires doit s'assurer un mouvement annuel au-dessus de 90 mille tonneaux, leurs espérances doivent se tourner vers la mer. Mais si, comme nous avons lieu de le craindre, le passage du détroit reste ouvert, par l'économie qu'il présente sur la communication intérieure, leurs capitaux seront placés à un bien faible intérêt. C'est avec regret que la Commission émet à ce sujet son opinion, puisque de sa franchise RÉSULTERA PEUT-ÊTRE L'ABANDON D'UN PROJET QU'ELLE VOUDRAIT AU CONTRAIRE VOIR EXÉCUTER PAR DES TRAVAUX DONT LA MAJESTÉ HONORERAIT LA FRANCE.

16.

Tarif des droits de navigation.

Il ne reste plus à la Commission, pour terminer l'examen de ce projet, qu'à émettre son avis sur les droits de navigation.

Ces droits devant être mis en rapport avec la masse de numéraire avancée pour l'exécution de l'entreprise, peut-on croire que le tarif du canal latéral sera avantageux au commerce?

OBSERVATIONS. RAPPORTS.

Pour en fixer le taux au-dessous de celui du canal de Languedoc, comme on nous le fait espérer, il faudrait que la dépense primitive fût moindre que celle qu'a nécessitée l'établissement de ce dernier. Les difficultés physiques que la compagnie du canal projeté aura à vaincre dans certaines parties de son cours, doivent donner lieu au contraire à une émission de fonds plus considérable.

DEUXIÈME PARTIE.

Intérêts locaux.

Nous avons à examiner, dans cette seconde partie de notre rapport, l'influence qu'aura le canal latéral à la Garonne sur la prospérité de l'agriculture, de l'industrie et du commerce du département de la Haute-Garonne et de Toulouse en particulier.

17. (Observations)

Rien n'empêche que le canal ne serve aux irrigations, sans que les usines qui sont sur la rivière en souffrent le moindrement.

Le canal latéral à la Garonne devant créer des facilités et offrir des économies dans les transports, servira efficacement les intérêts de l'agriculture, et par conséquent il augmentera

17. (Rapports)

Agriculture.

Les besoins d'ouvrir à notre agriculture des débouchés se trouvent satisfaits par la navigation existante et par les grandes routes qui traversent la partie sur laquelle le canal se trouve

OBSERVATIONS.

la valeur vénale des propriétés, comme cela s'est opéré pour tous les canaux qu'on a faits sans aucune exception.

18.

Les houilles coûtent, par le roulage, 60 c. par hectolitre, ce qui fait par tonneau . . . . 6 fr. » c.

Par le canal, le droit sera à raison de 16 ½ c. par distance, ce qui,

A reporter. . . . 6 fr. » c.

RAPPORTS.

tracé. Le sol, déjà très-fertile et entièrement cultivé, donne, au-dessus des produits qui sont consommés par les agens qui l'exploitent, un excédant que Toulouse verse dans le bas Languedoc. La faible distance qui sépare notre plaine de cette grande ville ne sera jamais appréciable dans les produits du péage que percevra le canal latéral. Cette contrée ne retirerait donc un véritable avantage de son exécution que tout autant que la valeur vénale des propriétés environnantes augmenterait par *un système d'irrigation, mais dont le projet ne fait pas mention.* Le peu d'importance de la prise d'eau ne rendrait peut-être pas possible le bienfait de l'arrosement; *d'ailleurs les propriétaires des usines qui sont placées à Toulouse*, à l'ouverture du canal de Saint-Pierre, et qu'alimente la hauteur de la chaussée du Basacle, seraient en droit de s'opposer à ce qu'on prît l'eau pour autre chose que pour la navigation.

18.

Industrie manufacturière.

L'industrie manufacturière est trop peu développée dans notre département pour chercher ce qui pourrait influer sur ses intérêts en ouvrant cette

OBSERVATIONS.

D'autre part. . . .		6 fr. » c.
pour dix distances de Toulouse à Montauban, fait. . .	1 fr. 65 c.	3 65
Fret de la pointe St-Sulpice à Montauban, et de Montauban à Toulouse	2 »	
Différence en faveur du canal.		2 35

Mais aujourd'hui les houilles sont transbordées à la pointe Saint-Sulpice, et ce transbordement entraîne des pertes ; par le canal elles arriveront directement à Toulouse.

Sans doute les usines feront naître des idées d'industrie, et procureront des avantages réels aux habitans ; sans doute sous ces deux rapports le canal est avantageux ; il l'est sous tous les rapports, et c'est avec raison *que la Commission dit ici que l'établissement du canal latéral doit obtenir un favorable accueil.*

RAPPORTS.

nouvelle communication. Toulouse seulement possède quelques établissemens qui mettent en œuvre les fers, bois, cotons, laines, lin, cuivre, plomb, huiles, acides, etc. Toutes ces matières ne lui arriveront point par le canal latéral, sa direction à l'ouest ne serait favorable qu'à l'exportation de leurs produits. Les ressources qu'une partie de sa population pourrait trouver dans un travail journalier ne seraient pas augmentées, si ce n'est à l'époque momentanée de son exécution.

Le prix de la houille, dont les effets réagissent avec tant de force sur presque toutes les branches d'industrie, pourrait diminuer en arrivant à Toulouse par l'embranchement de Montauban, si cependant les droits de navigation étaient réduits sur cette matière à un taux très-modique; car les cent mille hectolitres que verse dans les départemens de la Haute-Garonne et de l'Ariège *le dépôt houiller de Carneaux, ne coûtent de transport par roulage que* 60 *centimes l'hectolitre depuis la pointe de Saint-Sulpice du Tarn jusqu'à Toulouse.*

Les nombreuses usines qui seront facilement établies sur les biefs supérieurs des écluses, et alimentées par les eaux destinées à réparer les pertes de l'évaporation et infiltration des parties inférieures, FERONT NAÎTRE PARMI LES HABITANS DE NOS CONTRÉES DES IDÉES D'IN-

OBSERVATIONS. | RAPPORTS.

DUSTRIE ET LEUR PROCURERONT DES AVANTAGES RÉELS.

SOUS CES DEUX RAPPORTS, LA COMMISSION DÉCLARE QUE L'ÉTABLISSEMENT DU CANAL LATÉRAL DOIT OBTENIR UN FAVORABLE ACCUEIL, PUISQU'IL PEUT ACCÉLÉRER LA MARCHE ASCENDANTE DE L'INDUSTRIE MANUFACTURIÈRE.

19.

C'est ici le vrai point de la question, l'intérêt particulier de Toulouse.

On a vu dans le cours de ce rapport que la Commission a cherché à établir que les frais occasionés par le transbordement étaient très-minimes; ici, au contraire, on parle de profits réels et considérables.

De deux choses l'une :

Ou les profits sont minimes, et alors on ne voit pas pourquoi Toulouse s'oppose à l'établissement d'une voie de communication, qui est dans l'intérêt général;

Ou les profits sont effectivement considérables, et alors on ne voit pas pourquoi le commerce est obligé de subir ces pertes, car les profits pour les uns sont des pertes pour les autres.

Nous demanderons aux maisons de commerce de Toulouse, si les marchandises qui leur arrivent par le canal du Midi devaient rompre charge à Carcassonne, et qu'il fût question de lever cet obstacle, elles n'appuieraient pas de tout leur pouvoir un pareil projet, et si elles trouveraient raisonnable que les négocians de Carcassonne voulussent conserver le *statu quo*

19.

Commerce.

Nous avons dit que la masse commerciale qui remonte par la Garonne de Bordeaux à Toulouse était, année moyenne, de. . . . 13,593,880 kil.

Mais, sur cette masse, celle qui est débarquée à l'embouchure du canal pour être transportée par terre est de. . .	5,599,921
Reste pour celle qui a remonté la Garonne, et qui est ensuite transportée par le canal de Languedoc	7,993,959
Celle qui arrive des divers points du canal pour être embar-	
A reporter. .	7,993,959

OBSERVATIONS.

pour continuer de rançonner le commerce de Toulouse? Non, sans doute. Eh bien! il faut être juste en tout; pourquoi Toulouse voudrait-il aujourd'hui continuer à prélever des sommes considérables sur le commerce de Bordeaux ou des autres villes de France, en s'opposant à ce que l'obstacle qui force à rompre charge soit levé.

Au reste, les avantages dont jouissent les négocians de Toulouse ne deviendront pas le patrimoine de Castets, parce qu'il n'y aura pas de transbordement à Castets, ni, conséquemment, pas de déplacement d'entrepôt.

RAPPORTS.

D'autre part.	7,993,959
quée à son embouchure sur la rivière, est de	46,095,815
C'est sur la totalité de ces	54,089,774 kil.

de marchandises qui passent à Toulouse en transit chaque année, qu'un grand nombre de maisons de commerce de cette ville trouvent des profits réels et considérables, en exigeant des expéditeurs un droit de commission pour leur transbordement. Outre ce bénéfice, ils en font encore d'assez importans par la négociation des traites représentant la contre-valeur des marchandises dont ils soignent le transit. Ce sont ces deux opérations de banque et de commission faites par les mêmes mains, qui constituent la principale branche de notre négoce. Les membres de la Commission d'enquête ne peuvent s'empêcher de reconnaître que l'exécution du canal latéral, en faisant passer debout les marchandises d'une mer à l'autre, ruinera entièrement notre commerce de transit. Tous les avantages dont jouissent aujourd'hui les négocians cesseront si le canal projeté est mis à exécution, et ils deviendront le patrimoine de Castets. Sans nul avantage alors pour les intérêts généraux, il occasionera le plus grand dommage à la ville de Toulouse, par le déplacement de l'entrepôt.

Quant aux intérêts particuliers des habitans de cette grande cité, nous remarquerons que les principaux objets de leur consommation habituelle et intérieure, tels que vin, sel, huile, bois, savon et généralement tous ceux dont le volume et le poids, comparés à la valeur réelle, rendent nécessaire une grande économie sur le prix du transport, affluent chez eux par le canal déjà existant, ou sont le produit des contrées situées en amont de la Garonne. Ceux que leurs besoins leur font réclamer aux départemens du nord et de l'ouest, ne leur arriveraient pas davantage par le canal latéral, puisque sa direction ne permettrait pas de les faire servir à leur importation. Enfin, les produits des grandes pêches et les denrées coloniales sont versés sur nos marchés avec moins de frais par la remonte du fleuve, et quelquefois par le canal du Midi, qui nous les apporte de Marseille. Le canal n'ajoutera donc point aux moyens que nous possédons déjà pour fournir à nos approvisionnemens.

La Commission d'enquête ne croit pas devoir faire mention des différentes réclamations qui lui sont parvenues sur l'exécution du projet qu'elle avait à examiner; elle s'en rapporte à la sollicitude paternelle du gouvernement pour

OBSERVATIONS.

RAPPORTS.

assumer sur les concessionnaires tous les risques qui pourraient en résulter pour les propriétés privées des communes riveraines et pour les usines importantes qui existent actuellement sur la partie du fleuve où le canal latéral doit prendre sa source. Elle pense qu'à l'égard de ces dernières, le gouvernement fera constater par des opérations rigoureuses la quantité d'eau qui peut être disponible pour les besoins de la navigation du nouveau canal. Son tracé, quoique bien imparfaitement indiqué dans la carte qui a été communiquée à la Commission, fait voir que, dans plusieurs parties des communes qui se trouvent entre Toulouse et Saint-Rustice, des chemins vicinaux et des propriétés privées sont interrompus et divisés. Si la nature des premiers impose aux concessionnaires la nécessité de ne porter aucune atteinte à la facilité des communications, une juste et préalable indemnité est également due à tous ceux qui pourraient en éprouver quelque préjudice.

20.

Dans ses conclusions, la Commission semble avoir oublié tout ce qu'elle a précédemment trouvé d'avantageux à l'établissement du canal ; elle passe légèrement sur les avantages particuliers au département de la Haute-Ga-

20.

En résumé, la Commission est convaincue :

1° Que le canal latéral n'amènera aucun changement dans la marche

ronne, pour finir par le prétendu préjudice qu'il portera au commerce de son chef-lieu.

Nous sommes assurés que la Commission d'enquête s'est trompée, même sur les avantages du commerce de Toulouse, et notamment sur les intérêts de la masse de la population, parce qu'il est évident que l'activité commerciale qui résultera de la complète jonction des deux mers produira plus de travail et de profits qu'il n'en existe maintenant et qu'il n'en a jamais existé.

Nous ajouterons que le bienfait des entrepôts qui vient d'être accordé aux villes de l'intérieur serait nul pour Toulouse, si le canal du Midi ne recevait un débouché convenable, car si la communication restait dans l'état dans lequel elle se trouve, les relations commerciales resteraient également dans le même état, et Toulouse n'aurait pas un tonneau de marchandises de plus à recevoir ou à expédier, tandis qu'avec une bonne et sûre communication il deviendra nécessairement l'entrepôt de cette grande partie de la France méridionale.

En résumé, nous remercions MM. les membres de la Commission d'enquête de la peine qu'ils ont prise pour éclairer la question; mais nous regrettons qu'ils n'aient pas été à même de se procurer les renseignemens qui paraissent leur avoir manqué; nous regrettons surtout de les avoir vus, à leur insu sans doute, dominés par l'intérêt particulier de la ville de Toulouse, malgré le désir qu'ils avaient de conserver toute leur indépendance.

des masses commerciales qui se dirigent aujourd'hui de l'Océan vers la Méditerranée par la voie du détroit de Gibraltar; qu'un changement aussi désirable vers la communication intérieure ne serait obtenu que tout autant que le canal du Midi et celui qu'on offre de construire à la suite seraient dans des dimensions telles que le même équipage pourrait passer d'une mer dans l'autre;

2° Que le canal latéral sera d'un faible intérêt pour l'agriculture du département de la Haute-Garonne;

3° Qu'il offrira quelques avantages à son industrie manufacturière:

4° Qu'il portera un préjudice notable au commerce de son chef-lieu.

D'après ces considérations, les membres de la Commission d'enquête sont d'avis de profiter de l'occasion qui se présente à eux pour émettre le vœu que le gouvernement voulût bien tenir la main à l'exécution entière des dispositions de l'ordonnance royale du 9 septembre 1829, afin qu'un courant, ayant partout 80 centimètres de tirant d'eau fût toujours ouvert dans le lit du fleuve; que les chemins de halage, particulièrement dans le département de Lot-et-Garonne, fussent mieux entretenus.

Qu'un ingénieur en chef fût spécia-

OBSERVATIONS. RAPPORTS.

lement chargé des réparations à faire dans le lit du fleuve.

Que l'on réprimât quelques abus de l'intérêt particulier, qui cherche constamment à empiéter sur le domaine public.

Qu'enfin une commission, composée d'un membre du conseil général, pris dans chacun des départemens riverains, fît la répartition des fonds affectés à l'entretien de la Garonne. Alors le fleuve qui, dans la pensée de l'auteur du canal des deux mers, doit compléter le développement de son immortel ouvrage, aurait atteint son véritable but.

A Toulouse, le 29 avril 1831.

EVERAT, imp., rue du Cadran, n° 16.

www.ingramcontent.com/pod-product-compliance
Lightning Source LLC
Chambersburg PA
CBHW050626210326
41521CB00008B/1407